高等教育艺术设计精编教材

居住空间室内设计——项目与实战

赵一　吕从娜　丁鹏　唐丽娜　编著

清华大学出版社

北 京

内 容 简 介

  本书根据居住空间室内设计课程的教学特点,将内容分为五大部分:理论认识、技能训练、创意设计、欣赏品鉴以及项目实战,分别阐述了对居住空间室内设计的认知、居住空间室内设计的要素、居住空间设计风格定位、居住空间功能区设计、居住空间设计的图纸表现,并提供了居住空间设计实际项目的现场照片及案例分析,详细并形象地展示了居住空间的设计思维与表现的过程,并且展示了大量的真实案例版的优秀学生设计作品。本书针对室内环境设计的专业特性,突出设计过程的科学性、逻辑性、工具性和适用性,目的在于提高读者、学生的设计意识与动手操作能力。

  本书可作为高等院校环境设计专业设计课教学的教材,也可作为成人教育、广大艺术设计爱好者的参考资料使用,还可供相关工程技术人员和广大家庭装修业主参考借鉴。

图书在版编目 CIP 数据

居住空间室内设计——项目与实战. 赵一等编著. --北京:清华大学出版社,2013 (2019.7重印)

高等教育艺术设计精编教材

ISBN 978-7-302-31939-9

Ⅰ. ①居… Ⅱ. ①赵… Ⅲ. ①住宅-室内装饰设计-高等学校-教材 Ⅳ. ①TU241

中国版本图书馆 CIP 数据核字(2013)第 078133 号

责任编辑:张龙卿

封面设计:徐日强

责任校对:袁　芳

责任印制:宋　林

出版发行:清华大学出版社

   网　　　址:http://www.tup.com.cn, http://www.wqbook.com

   地　　　址:北京清华大学学研大厦 A 座　　　　邮　　编:100084

   社 总 机:010-62770175　　　　　　　　　　邮　　购:010-62786544

   投稿与读者服务:010-62776969,c-service@tup.tsinghua.edu.cn

   质 量 反 馈:010-62772015,zhiliang@tup.tsinghua.edu.cn

   课 件 下 载:http://www.tup.com.cn, 010-62795764

印 装 者:涿州汇美亿浓印刷有限公司

经　　销:全国新华书店

开　　本:210mm×285mm　　　印　　张:11.75　　　字　　数:321 千字

版　　次:2013 年 7 月第 1 版　　　　　　　　印　　次:2019 年 7 月第 8 次印刷

定　　价:57.00 元

产品编号:051024-01

序　言

　　人类对建筑空间的理解来源于人们对居住的需求,这促进了城市的改进和发展,也促进了设计的形成。设计是在一定的经验沉淀中形成的,我们所要做的只是沿着这条脉络去追溯并找到解决我们今天居住问题的方法,这对于从事居住空间设计的室内设计师提出了更高的要求。现代设计师最为重要的工作首先是真正从人们的生活需求出发,认真地观察生活,掌握先进的设计理论与方法;另外,学会与业主真诚地沟通,掌握设计要求,用心来做设计。

　　居住空间室内设计是整个室内设计课程体系内的第一门专业课,其重要性不言而喻。在实际教学过程中,我们尤其需注意加强对学生实践职业能力的培养,强化案例教学或项目教学,注重以任务引导型案例或项目作业来诱发学生兴趣,使学生在案例分析或完成项目的过程中掌握项目的操作;注重"教"与"学"的互动,学生在活动中增强职业意识,掌握本课程的职业能力;重视实践,更新观念,并为学生提供顶岗实习的机会与平台。

　　本教材是在大量实际教学经验的基础上,经过编者的教学改革和实践探索编写而成的。它通过对以往居住空间室内设计的教学理念、教学内容、教学方法和教学效果的探索与修正,强调并形成了以学生动手为主、教师指导为辅的项目实战型教学模式。本教材的特色在于,一是"以项目为主题,以实战为方法"的一条主线,紧密结合实际;二是提供了大量的设计图片资料与优秀作品,启发学生开阔视野,提升设计水平。

　　本书的编者都是长期在教学一线任教的优秀教师,他们以严谨的治学态度和大量的实践经验的结晶编撰汇集成这本书,希望能带给读者尤其是高等院校室内设计专业的学生更多的启示,也希望专家、学者能够多多赐教,以便使本教程更加完善。

鲁迅美术学院环境艺术设计系主任、教授、硕士研究生导师　马克辛

前　言

　　居住空间室内设计的本质是为人们创造安全、舒适、宜人和富有美感的室内居住环境。随着室内设计学科的不断完善,精确掌握居住空间室内设计的特点和方法,创造更加符合现代人生活需要的室内环境,是新一代设计师需要做到的。居住空间室内设计与以往相比,更加强调"以人为本"的设计理念,强调以人的感受作为设计的终极目标。我们研究人在居室环境中的行为、心理及彼此之间的关系和相互作用的目的就在于:了解生活中人们的行为、心理倾向,从而使我们对人与环境的关系、对怎样创造室内人工环境都有新的、更为深刻的认识。

　　在本书的编写过程中,我们致力于将各类设计方法及时地表现到室内居住空间的设计中去,要更加合理地组织空间,设计好界面、色彩、家具、陈设和光照等,创造出功能合理、舒适优美、满足人们物质和精神生活需要的居住环境。全书用大量的案例为读者打开一个全新的视野,更加直观地展示了居住空间室内设计的各要素,使读者身临其境,并为环境设计专业以及其他相关专业的学生们提供了宝贵的设计资料。

　　全书分五大部分,共八章,相关内容如下:

　　第一部分为理论认识,包括第一章,主要介绍居住空间室内设计的认知,使学生了解居住空间室内设计的概念、历史与演化,以及未来的发展方向等。

　　第二部分为技能训练,包括第二～四章。

　　第二章介绍了居住空间室内设计的要素,包括居住空间的设计风格、界面处理、色彩搭配、光环境、家具、室内陈设以及绿化等方面的内容。

　　第三章介绍了居住空间功能区设计,包括门厅玄关、客厅、卧室、餐厅、厨房、书房、卫浴间以及走廊楼梯各空间的设计方法等内容。

　　第四章介绍了室内装饰材料、施工工艺及预算等方面的内容。

　　第三部分为创意设计,包括第五章和第六章。

　　第五章介绍了设计效果的表达,并以大量实例图片介绍了手绘及计算机图纸的表现方式。

　　第六章介绍了设计实践,包括设计前的测量及调研、理念提取,以及平面图设计、设计概念的形成与图纸表达、预算和流程解读等。

　　第四部分为欣赏品鉴,包括第七章,主要内容为优秀设计实例欣赏,展示了大量经典设计作品以及优秀的学生作品。

　　第五部分为项目实战,包括第八章,主要内容为居住空间室内设计实训,介绍了设计实训安排和设计课题,并辅以大量优秀的学生设计作品展示。

本教材的编写是笔者总结多年来的教学和实践经验而进行的探索性尝试。由于编者水平有限,书中难免存在不妥之处,敬请广大读者不吝赐教,并予以批评指正。

编　者

2013 年 2 月

目　录

第三章　居住空间功能区设计

居住空间室内设计——项目与实战

第五部分 项目实战

第八章 居住空间室内设计实训

参考文献

第一部分

理论认识

第一章
居住空间室内设计的认知

第一节　居住空间的概念

空间是容纳人们生活的场所。如今我们的生活丰富多彩,居住空间设计也各式各样。尽管每个人在居住空间中度过的时间都不同,但俗语说:"家和万事兴。"这个"家"从空间上理解,指的就是"居住空间"。

现今社会居住空间与人们的生活联系十分紧密,是人们的基本生活要素之一。随着社会经济的发展,人类的居住空间由最原始的天然岩洞演变为现在种类繁多的住宅样式。其实,无论居住空间的形式如何变化和发展,它的基本内涵是不变的,即它始终是人类的住所,如图1-1所示。

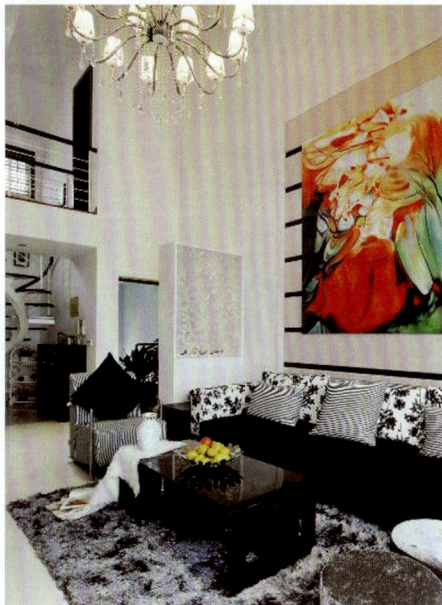

图1-1　现代居住空间

现在只要是购置新居的人们,都要对自己的新居室进行一番设计和装饰,这是一项较大的工程和一笔不小的投资,并将直接影响到日后的生活。因此设计师一定要掌握居室装饰设计的基本原则和方法,才能更好地进行设计。在现代艺术设计教育中,居住空间设计是"环境设计"专业的重要课程,它解决的是在一定空间范围内如何使人居住、使用起来方便并舒适的问题。居住空间不论大小,涉及的方面都很多,包括心理、行为、功能、空间界面、采光、照明、通风以及人体工程学等,而且每一个方面都和人的日常起居关系密切。在这里,我们针对居住空间中的概念、发展、各具体功能空间设计方法以及多项具体项目实例等方面进行介绍和阐述,让读者获得一些实用信息,从而提高大家的空间感知能力、空间创造能力和空间设计能力。

1. 居住空间的定义

居住空间是一种以家庭为对象,以居住活动为中心的建筑环境。我们可以从狭义和广义两个方面来界定。

狭义地说,它是家庭生活方式的体现。比如农村生活环境下的居住空间,它取决于人们的生产方式,比如农业、养殖业等,这种居住空间的特点是由农村用地状况决定的。农村用地相对宽敞,自给自足的生产方式决定其周边环境可以相对封闭。如图1-2所示。另一类是游牧生活环境下的居住空间,游牧民的生产方式为畜牧业,其居住空间的特点,由畜牧业生产决定了其应具有活动性以便于追随牧草,活动性又决定了其应该结构简单、拆装方便、材料轻便,如图1-3所示。

城市生活环境下的居住空间是由其工业或商业的生产方式决定的。城市居住的空间特点取决于其用地状况相对密集,生产方式要求其交通发达并且信息畅通,如图1-4所示。

从广义方面来说,居住空间是社会文明的表现。封建社会时期的居住空间是由封建意识形态决定的,体现在封闭的独门独院、正房与厢房,彰显了其等级分明,是封建伦理道德思想的体现,如图1-5所示。现代社会居住空间的层级关系也体现在家庭(单个居住空间)→ 小区(居住空间的集合)→社区(小区的组团)→城市(社区的串联)这样的关系和纽带中,如图1-6和图1-7所示。

⬆ 图1-2　农村生活环境下的居住空间

⬆ 图1-3　游牧生活环境下的居住空间

⬆ 图1-4　城市生活环境下的居住空间

⬆ 图1-5　封建社会时期的居住空间

⬆ 图1-6　现代居住小区

⬆ 图1-7　现代城市

2．对居住空间的认识

中国古代人认为："君子之营宫室,宗庙为先,廊库次之,居室为后。"这说明中国古代对居住空间的认识遵循以宗法为重心、以农耕为根本的社会居住法则,兼顾精神与物质要素。

西方古罗马帝国建筑家波里奥认为："所有生活居住设施皆需具备实用、坚固、愉快三个要素。"两千年前就已在实质上把握了居住空间的功能、结构和精神价值。

现代建筑设计家赖特认为："功能决定形式。"居住空间的实质存在于内部空间,它的外观形式也应由内部空间来决定。居住空间的结构方法是表现美的基础,居住空间建地的地形特色是生活本身特色的起点,居住空间的实用目标与设计形式的统一方能体现和谐。

20世纪最著名的建筑大师、城市规划家勒·柯布西耶则认为："居室是居住的机器。"居住空间设计需像机器设计一样精密正确。居住空间的设计不仅需考虑人们生活上的实际需要,且需从更广泛的角度去研究和解决人的各种需求,居住空间的美根植在人类的需要之中。

第二节　居住空间的历史与演化

居住空间设计是人类创造并美化自己生存环境的活动之一。确切地讲,应称之为居住环境设计。人类居住空间的发展大致可以分为早期、中期和现代三个阶段。

1．早期阶段

早期阶段即原始社会至奴隶社会中期,人类赖以遮风避雨的居住空间大都是天然山洞、坑穴或者是借自然林木搭起来的"窝棚"。这些天然形成的内部空间毕竟太不舒适,人们总是想把环境改造一番,以利于生存。人类早期作品与后来的某些矫揉造作的设计相比,其单纯、朴实的艺术形象反倒有一种魅力,并不时激发起我们创作的灵感。

该时期的特点是由于生产技术落后,技术能力有限,所以人们只能以穴居方式居住在坑穴及山洞。由于生产能力不足,物质财富有限,所以只能满足基本功能的要求,形成了巢居的生活方式,后逐渐发展成为干栏式建筑。由于生存压力大,建造目的单一,因此形成木骨泥墙的建筑形态。早期阶段居住空间在构造和处理手段上为后来的发展打下了基础,如图1-8所示。

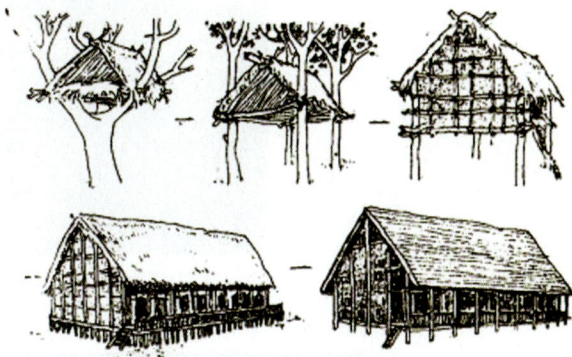

🔶 图1-8　原始巢居发展序列

2．中期阶段

中期阶段即奴隶社会后期、封建社会至工业革命前期,这个时期人类改造客观世界的能力在不断地提高,人类的居住空间不单是简单的"容器"了,更为居住空间的抽象的"精神功能"问题也被提了出来。所谓"精神功能",指的是那些满足人们心理活动的空间内容。我们往往用"空间气氛"、"空间格调"、"空间情趣"、"空间个性"之类的术语来解释它,实质上这是一个空间艺术质量的问题,是衡量居住设计质量的重要标准之一。人生享乐的主张在中期阶段居住空间设计活动中开始得到重视。在东方,特别是在封建帝王统治下的中国,宫殿、山庄雕梁画栋,华丽异常,如图1-9所示。西方的文艺复兴姗姗来迟,但此后的社会财富占有者们也后来居上,大兴土木,把宫苑、别墅搞得外貌壮观,内部空间奢华。这个时期的生活空间设计往往追求面面俱到,特别是在眼前、近距离观赏和手足可及之处,无不尽量雕琢。为了炫耀财富的拥有,为了满足感官的舒适,昂贵的材料、无价的珍宝、名贵的艺术品都被带进了居住空间,如图1-10所示。

✚ 图1-9　宫殿雕梁画栋

✚ 图1-10　凡尔赛宫

　　该时期的特点是生产技术进步,技术能力提升,生产力加强,物质财富增多并日益集中,建造目的复杂化。这一时期建设了结构复杂、庞大的、消耗性强的皇宫、别墅山庄,哥特式、洛可可式、巴洛克式的楼、台、亭、阁等。这一时期的建筑形式复杂、风格多样。这一阶段居住空间设计工艺精致、巧妙,大大地丰富了居住设计的内容,给后人留下了一笔丰厚的艺术遗产。但在另一方面,那些反映统治阶层趣味的、不惜动用大量昂贵材料堆砌而成的所谓豪华的内部空间,也给后人植下了一味醉心于装潢而忽视空间关系与建筑结构逻辑的病根。

3．现代阶段

　　震撼世界的第一次工业革命开拓了现代居住设计事业发展的新天地。自工业革命以来,钢、玻璃、混凝土、批量生产的纺织品和其他工业产品,以及后来出现的大批量生产的人工合成材料,给设计师带来了更多的选择。新材料及其相应的构造技术极大地丰富了居住空间设计的内容,如图1-11所示。

🔴 图1-11　现代居室设计

现代居住空间设计的主要特点是:追求实用功能,注重运用新的科学与技术,追求居住空间"舒适度"的提高;注重充分利用工业材料和批量生产的工业产品;讲究人情味,在物质条件允许的情况下,尽可能追求个性与独创性;重视居住空间设计的综合艺术风格。

第三节　现代居住空间设计的发展

现代居住空间设计的发展趋势可以从功能化、人性化、科学化、技术化几个方面来概括。

1．功能化

居住空间设计的功能化设计同时体现在空间使用功能的实现和空间环境对人的影响两个方面。现代生活内容比以往更为丰富,功能更是居住空间设计首要解决的问题,在有限的空间里,通过合理而多样的功能设计满足人们的功能需求。人们的生活方式直接决定了室内空间环境的使用功能,交谈、就餐、阅读、睡眠、洗浴、娱乐、健身、储藏……这些功能如何实现成为设计师和使用者注意的焦点。人体工程学和环境心理学是设计的基础理论学科,它们的研究成果为空间和家具的使用功能合理化提供了必要的依据。许多室内空间和家具不再仅仅具有单一的功能,许多室内空间和家具不再仅仅具有单一

使用功能,例如,在客厅可以就餐、阅读、睡眠、娱乐;通道兼作餐厅、厨房;卧室可以写字、娱乐、健身;书柜和折叠书桌合并;床具有收藏功能;用可折叠的沙发床节省空间。另外,不同的造型、色彩、材料和空间布局对人的心理具有不同的影响,客厅需要良好的交流环境,餐厅的设计要尽可能地有助于进食,卧室必须让人容易入睡,卫生间的清洁感也不可忽视,这些都对设计功能化提出更高的要求。

2．人性化

注重文化与艺术内涵,崇尚个性化设计,回归自然和无障碍设计是现代居住空间人性化设计的重要表现。随着经济的持续发展,国内的中产阶层大规模出现,这一群体在基本的物质生活得到满足后,寻求从物质中解放出来,他们要求体现室内整体各种因素之间关系的美感,努力形成生活中高品质的艺术氛围,甚至促使生活空间环境日趋艺术化。居住空间设计更强调生活的高品位、人性化、健康、舒适美观,有较多的绿化空间、人文景观和适应现代社会的智能管理系统。

3．科学化

经济和可持续发展是现代居住空间设计科学化的重要体现。居住空间环境的可持续发展包括对自然环境的保护和空间的可持续利用。随着对环境的深入认识,人们意识到环境保护并非只是使用无毒、无污染的装修材料那么简单,使用节能的电器设备和可循环利用的材料、减少不可再生的资源浪费。同时,由于结构良好的建筑可以使用几十年,而居住空间内部环境的使用时间较短,更新频率快。家具、陈设和绿化的组合远比墙体更容易灵活地划分空间,可持续变化的空间能够引导使用者积极参与设计,令居室具有更持久的生命力,旧建筑空间的再利用也可以降低对人们生存环境的破坏。

4．技术化

科技运用和规范生产正成为现代居住空间设计区别于以往的显著时代特点。"科技是第一生产力",随着社会的发展,新技术从发明到实际运用的周期

越来越短。节能、环保、自动、智能这些生活理念与其结合后,新材料、新电器设备、新施工技术的不断出现,使得居住空间环境的科技含量大为增加,并延伸了空间环境各方面的功能,满足了人们越来越高和复杂多样的需求。例如建立起家庭办公自动化设施、全方位的智能化防盗及生活的一卡通消费系统,如北京的现代城、上海的仁恒滨江园、深圳的东海花园二期等都采用这种超前的智能化设施。如图1-12所示。

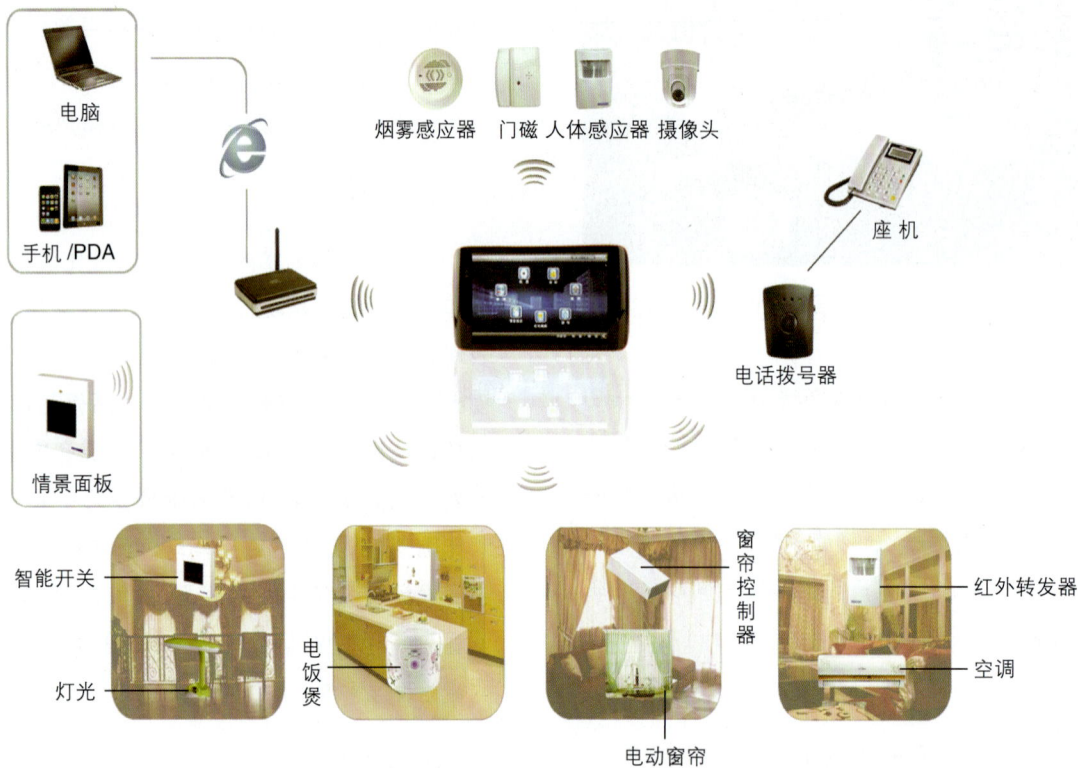

图1-12　智能之家结构图

　　从上述内容中,我们可以从功能化、人性化、科学化和技术化四个基本方向清晰地看到居住空间设计发展的主要趋势。当然,这四个方向并非绝对对立,而是具有相对独立又相辅相成的关系,为我们研究居住空间设计提供了不同视角,为日后的设计行为和设计教育指明了方向。

第二部分

技能训练

第二章
居住空间室内设计的要素

第一节　居住空间的设计风格

风格即风度品格，它体现了创作中的艺术特色和个性。居住空间室内设计的风格属于室内环境中的艺术造型和精神功能范畴，往往和建筑以及家具配饰的风格紧密结合，有时也以相应时期的绘画、造型和艺术，甚至文学、音乐等为其渊源而相互影响。

居住空间室内设计风格的形成，是不同的时代思潮和地区特点写照，通过创作构思和表现，逐渐发展成为具有代表性的室内设计形式。一种典型的风格形式，通常是和当地的人文因素和自然条件密切相关，又需要有创作中的构思和造型的特点，形成风格的外在和内在因素。风格虽然表现为形式，但风格具有艺术文化、社会发展等深刻的内涵。居住空间室内设计风格的定位是受使用者的文化、艺术背景以及诸多的情感、品位等因素影响，并不仅仅局限于作为一种形式表现和形成视觉上的感受。

一、中式风格

中式风格的构成主要体现在传统家具（多为明清家具为主）、装饰品以及黑红为主的装饰色彩上。室内多采用对称式的布局方式，格调高雅，造型简朴优美，色彩浓重而成熟。中国传统室内陈设包括字画、匾幅、挂屏、盆景、瓷器、古玩、屏风、博古架等，追求一种修身养性的生活境界。中国传统室内装饰艺术的特点是总体布局对称均衡，端正稳健，而在装饰

细节上崇尚自然情趣，花鸟、鱼虫等精雕细琢，富于变化，充分体现出中国传统美学的精神。

中式风格并非完全意义上的复古明清，而是通过中式风格的特征，表达对清雅含蓄、端庄风华的东方式精神境界的追求。近年，一种叫做"新中式"的装饰风格逐渐受到人们的喜爱。

新中式风格主要包括两方面的基本内容：一是中国传统风格文化意义在当前时代背景下的演绎；二是对中国当代文化充分理解基础上的现代设计。新中式风格不是纯粹的元素堆砌，而是通过对传统文化的认识，将现代元素和传统元素结合在一起，以现代人的审美需求来打造富有传统韵味的事物，让传统艺术在当今社会得到合适的体现。新中式风格的室内设计，要汲取其传统的精华。传统的设计中哪些应该留下来，哪些应该换新，不同的人有不同的理解和做法，不同的理解就可以设计出不同的作品来，仅是形似是不够的。在反映中国传统的时候，同时应反映这个时代，重要的是追求神似。在制作技术上也要跟上时代，古代中式设计使用的主要材料是木、石等天然材料，现代技术产生了很多的新材料，很多都可以用到中式设计中。如何将现代材料和现代元素融于中式居住空间室内设计，是目前设计是否成功的标志。只有既能体现中国传统神韵，又具备现代感的设计，才是真正的新中式风格，如图2-1和图2-2所示。

二、欧式风格

所谓的欧式风格是很典雅的古代风格。从纤

致的中世纪风格、富丽的文艺复兴风格、浪漫的巴洛克和洛可可风格，一直到庞贝式、帝政式的新古典风格，在各个时期都有各种精彩的体现，是欧式风格不可或缺的重要成分。如今的欧式新古典风格在造型方面的主要特点是：曲线趣味、非对称法则、色彩柔和艳丽、崇尚自然等。而其中的田园风格于17世纪盛行于欧洲，强调线形流动的变化，色彩华丽。它在形式上以浪漫主义为基础，装饰材料常用大理石、多彩的织物、精美的地毯、精致的法国壁挂等，整个风格豪华、富丽，充满强烈的动感效果。另一种洛可可风格，喜欢用轻快纤细的曲线装饰，效果典雅、亲切，受到欧洲皇宫贵族的偏爱。

图2-1　中式居住空间设计

图2-2　中式居住空间设计表现

欧式风格强调以华丽的装饰、浓烈的色彩、精美的造型达到雍容华贵的装饰效果。欧式设计中，客厅顶部多用大型灯池，并用华丽的枝形吊灯营造气氛。门窗上半部多做成圆弧形，并带有花纹的石线勾边。入口门厅处多竖起两根豪华的罗马柱，室内则有真正的壁炉或假的壁炉造型。墙面多用壁纸，或者选用优质乳胶漆，以烘托豪华效果。地面材料

多选用石材或地板。欧式客厅非常强调用家具和软装饰来营造整体效果。深色的橡木或枫木家具，色彩鲜艳的布艺沙发，都是欧式客厅里的主角。还有浪漫的罗马帘，精美的油画，制作精良的雕塑工艺品，也是点缀欧式风格不可缺少的元素。值得注意的一点是，欧式风格设计在面积较大的空间内会达到更好的效果，如图2-3和图2-4所示。

图2-3　欧式空间设计（一）

图2-4　欧式空间设计（二）

三、现代风格

现代风格起源于1919年成立的包豪斯学派，该学派在当时的历史背景下，强调突破旧传统、创造新建筑，重视功能和空间组织，注意发挥结构构成本身的形式美，造型简洁，反对多余装饰，崇尚合理的

构成工艺,尊重材料的性能,讲究材料自身的质地和色彩的配置效果,发展了非传统的以功能布局为依据的不对称的构图手法。包豪斯学派重视实际的工艺制作操作,强调设计与工业生产的联系。包豪斯学派的创始人 W.格罗皮乌斯对现代建筑的观点是非常鲜明的,他认为:"美的观念随着思想和技术的进步而改变";"建筑没有终极,只有不断的变革";"在建筑表现中不能抹杀现代建筑技术,建筑表现要应用前所未有的形象"。当时杰出的代表人物还有 Le.柯布西耶和密斯·凡·德·罗等。现今,广义的现代风格也可泛指造型简洁新颖、具有当今时代感的建筑形象和室内环境。

现代风格将现代抽象艺术的创作思想及其成果引入室内装饰设计中。现代风格极力反对从古罗马到洛可可等一系列旧的传统样式,力求创造出适应工业时代精神、独具新意的简化装饰,设计的作品简朴、通俗、清新,更接近人们的生活。其装饰特点由曲线和非对称线条构成,如花梗、花蕾、葡萄藤、昆虫翅膀以及自然界各种优美、波状的形体图案等,体现在墙面、栏杆、窗棂和家具等装饰上。线条有的柔美雅致,有的遒劲而富于节奏感,整个立体形式都与有条不紊的、有节奏的曲线融为一体。欧式建筑大量使用铁制构件,将玻璃、瓷砖等新工艺,以及铁艺制品、陶艺制品等综合运用于室内。注意室内外沟通,竭力给室内装饰艺术引入新意。

很多人把现代简约风格误认为是"简单 + 节约",结果出现造型简陋、工艺简单的伪简约设计。其实现代简约风格非常讲究材料的质地和室内空间的通透性。一般室内墙面、地面及顶棚和家具陈设,乃至灯具、器皿均以简洁的造型、纯洁的质地、精细的工艺为其特征。尽可能不用装饰和取消多余的东西,现代简约风格的设计师认为任何复杂的设计,没有实用价值的特殊部件及任何装饰都会增加建筑造价,强调形式应更多地服务于功能。室内常选用简洁的工业产品、家具和日用品。多采用直线和玻璃、金属等材料。对于不少青年人来说,事业的压力、烦琐的应酬让他们需要一个更为简单的环境,以便给自己的身心一个放松的空间,如图 2-5 和图 2-6 所示。

⊕ 图2-5　现代风格的室内设计（一）

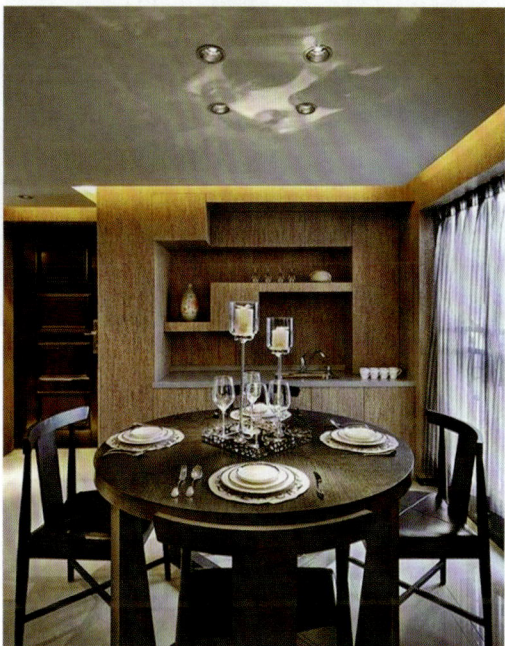

⊕ 图2-6　现代风格的室内设计（二）

四、田园风格

田园风格使大量木材、石材、竹器等自然材料得到应用,自然物、自然情趣能够直接切入,室内环境的"原始化"、"返璞归真"的心态和氛围,体现了乡土风格的自然特征。

回归自然,不精雕细刻是田园风格倡导的"回归自然"设计理念。美学上推崇"自然美",田园风格的设计师认为只有崇尚自然、结合自然,才能在当今高科技快节奏的社会生活中获取生理和心理的平衡。因此田园风格力求表现悠闲、舒畅、自然的田园生活情趣。在田园风格里,粗糙和破损是允许的,因为只有那样才更接近自然。田园风格的用料崇尚越自然越好的天然材质,如木、石、藤、竹等。

现代人对阳光、空气和水等自然环境的强烈回归意识以及对乡土的眷恋,使人们将思乡之物、恋土之情倾注到室内环境空间、界面处理、家具陈设以及各种装饰要素之中,得到了很多文人雅士的推崇,如图2-7和图2-8所示。

⬆ 图2-7　田园风格的室内设计(一)

⬆ 图2-8　田园风格的室内设计(二)

五、新装饰艺术风格

新装饰艺术产生于1925年法国巴黎的世博会,20世纪20年代影响到美国,成为定位于贵族阶层的艺术风格。30年代后伴随着好莱坞电影的热潮,这种风格的影响力波及全世界,并重新影响到其发源地法国。新装饰艺术风格拥有纯粹而艳丽的色彩,自然的几何图案,金属原始的光辉及充满质感的材料,让人感觉高贵而神秘,张扬却不夸张,游走于古典与现代中间,处处流淌着新时代机械化生产所割舍不掉的贵族情结,在符合现代人的生活方式和习惯的同时,又极具古典韵味的气质。

新装饰艺术风格于20世纪90年代在欧洲大行其道,尤其法国设计师重新融合现代风格后,赋予了它更加时尚的面孔,于是自然成为这个时代西方社会的主流风。从现今社会的大规模新装饰艺术风格产品被引入国内,产品的丰富给了我们立体化实现这种风格的可能。因此,可以预见这种主要定位于都市新贵的新装饰艺术风格将很快成为一种新的时尚并融入我们的生活。新装饰风格运用大量花卉、植物、昆虫幻化的曲线突现"女性风格"特征的圆润,满足了悠闲而小资的阶层所有猎奇的需要,如图2-9和图2-10所示。

六、自然主义风格

自然主义风格出现于19世纪末英国工艺美术运动时期,在形式上强调藤、昆虫等自然造型。至20世纪初的美国,以赖特建筑为代表的一批草原风格的别墅成为当时的主流风格,他们选择自然材质并强调室内外相结合的设计,对自然主义风格进行了重新诠释。自然主义风格在现代简约基础上应用更多地自然材料,如原木、石材、板岩等。无论方式还是手段,无论材料还是技术,"回归"都是永远的主旋律。

原始粗犷的古朴质感配合现代风格的冰冷凛冽,自然主义以质朴又变化无穷的姿态注入当代生活之中。随着生活节奏的加快，人们的生活快速而拥挤，渴望回归自然的心理日趋迫切。于是，自然主义成了人们心中放松与回归的代名词。它自由清新的感觉，与环境融为一体的居室设计，就好像把家轻轻放在大自然中，所有的疲惫和倦怠都会烟消云散。

🔶 图2-9　新装饰艺术风格（一）

🔶 图2-11　自然主义风格（一）

🔶 图2-10　新装饰艺术风格（二）

🔶 图2-12　自然主义风格（二）

　　因此，自然主义风格在国外成为一些郊区和乡村别墅设计的不二之选。在国内自然主义风格也常常出现在郊外别墅及大户型公寓中，是追求自然、享受自然的人士的最佳选择。色彩多选用纯正天然的色彩，如矿物质的颜色。材料的质地较粗糙，并有明显、纯正的肌理纹路。如图 2-11 和图 2-12 所示。

七、感观主义风格

　　感观主义是一种 20 世纪 90 年代末的室内设计中反冷峻和 pop 艺术的回归。它那艳丽的色彩和时尚的造型，充满了青春的气息和叛逆的情绪，很快成了一种潮流。这种风格可以追溯到 20 世纪 50 年代至 70 年代在美国和英国兴起的波普艺术。它是从商业艺术和都市文化中吸取灵感，来描绘室内设计、陈设及日常生活物品所采取的一种艺术形式。20 世纪 70 年代中期在西方复兴潮流中又兴起一场引人注目的"图案与装饰"运动，他们所采用的图案多为非欧洲传统的艺术造型，如摩洛哥陶器、伊斯兰教的图案或印第安土著的印记和花纹等。

20 世纪 90 年代初开始流行的新感观主义设计在近两年占据国际家居的主流。感观主义是采用鲜艳的颜色对比与装饰图案相结合，感官上有一种愉悦感。选用的装饰材料及家居产品的图案多为二维的，图案感情奔放、不含蓄，具有强烈的形式上的美感，强调整体室内设计的视觉效果要大于一切装饰主题和装饰意义，如图 2-13 所示。

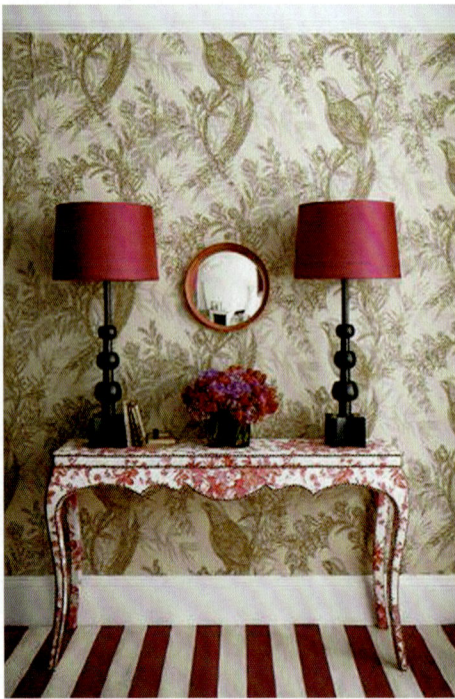

🔝 图2-13 感观主义风格

第二节 界 面 处 理

居住空间室内界面，即围合成室内空间的底面（地面）、墙面（隔断）和顶面（吊顶）。人们使用和感受室内空间，但通常直接看到甚至触摸到的则为界面实体。从室内设计的整体观念出发，我们必须把空间与界面、"虚无"与实体，有机地结合在一起来分析和对待。但是在具体的设计进程中，不同阶段也可以各具重点。例如在室内空间平面布局基本确定以后，对界面实体的设计就显得非常突出。室内界面的设计，既有功能技术要求，也有造型和美观要求。作为材料实体的界面设计，包括界面的线形和色彩设计、界面的材质选用和构造问题等。此外，现代室内环境的界面设计还需要与房屋室内的设施、设备予以周密的协调。例如界面与风管尺寸及出、回风口的位置；界面与嵌入灯具或灯槽的设置以及界面与消防喷淋、报警、通信、音响、监控等设施的接口也需重视。

1. 客厅界面设计

（1）地面

地面设计是为了便于行走及布置座位。对其处理时，要考虑安全、安静、防寒及美观等要求。因此，客厅空间宜采用木地板或地毯等较为亲切的装饰材料，有时也可采用硬质的石材，组成有各种色彩和图案的区域来限定和美化空间。虽然木地板和软质地面有吸声的功效和柔和温暖的感觉，对兼有视听功能要求的客厅较为有利，但软质地面不易清洁保养，如图 2-14 所示。

🔝 图2-14 客厅地面设计

（2）墙面

客厅内的墙面一般为建筑围护构件本身，如砖墙、钢筋混凝土板。目前的装饰都在此基层上进行，面层常用人造涂料、乳胶漆等耐磨和易洗的材料。

其次就是墙纸,可以遮盖裂痕和瑕疵,选用有简单的色彩和纹理的材料,如凹凸墙纸。凹凸墙纸和本身粗糙的麻布墙纸对覆盖不平整墙面更有效果。软木饰也是一种耐用的壁饰,可保持温暖、能吸音,但价格较昂贵,如图2-15所示。

图2-15 客厅墙面设计

(3)顶面

天花板对房间的温度、声学、照明都有影响,选择时更应注意。如高天花显得冷,低天花显得暖,白色天花使室内得到更多的反射,吊顶天棚有利于更好地隔声。此外,天花由于其无遮盖性,可以发挥更好的装饰效果。如图2-16所示。

图2-16 客厅顶面设计

2. 卧室界面设计

(1)地面

卧室的地面应具备保暖性,常采用中性或暖色色调,一般常采用木地板、地毯或玻化砖等材料,并在适当位置辅以块毯等饰物,如图2-17所示。

图2-17 卧室地面设计

(2)墙面

卧室的墙面多宜采用乳胶漆、壁纸(布)等材质,色彩及图案则根据年龄及个人喜好来定,一般年轻人多以艳丽活泼的纯色系为主,年龄稍长的则以深色基调为多,如咖啡色、胡桃木色等,如图2-18所示。

图2-18 卧室墙面设计

(3)顶面

吊顶的形状、色彩是卧室设计的重点之一,宜用乳胶漆、墙纸(布)或局部吊顶。一般以直线条及简洁、淡雅、温馨的暖色系列或白色顶面为设计首选,很少再做复杂的吊顶造型。如图2-19所示。

3. 餐厅界面设计

(1)地面

较之其他的空间,餐厅的地面可以有更加丰富的变化。可选用的材料有石材、地砖、木地板、水磨

↑ 图2-19 卧室顶面设计

石等。而且地面的图案样式也可以有更多的选择，可以是均衡的、对称的、不规则的等，应当根据设计的主体设想来把握材料的选择和图案的形式。设计时还应当考虑便于清洁，使地面材料有一定防水和防油污的特性，做法上也要考虑灰尘不易附着于构造缝之间，否则不易清除。如图2-20所示。

↑ 图2-20 餐厅地面设计

（2）墙面

餐厅墙面的装饰除了要依据餐厅和居室整体环境相协调的原则以外，还要考虑到它的实用功能和美化效果的要求。一般来讲，餐厅较之卧室、书房等空间所蕴含的气质要轻松活泼一些，并且要注意营造出一种温馨的气氛。餐厅墙面的装饰手法多种多样，但墙面的装饰要突出个性，要突出不同材料质地、肌理的变化，以便给人带来不同的感受。如显露天然纹理的原木会透露出自然淳朴的气息；金属和皮革的巧妙配合会表现强烈的时代感；白色的石材或涂料配以金饰会表现出华丽的风采。餐厅墙面的饰物也可调节室内环境气氛，但不可盲目堆砌，要根

据餐厅的具体情况灵活安排，可做点缀，但不能喧宾夺主，杂乱无章。如图2-21所示。

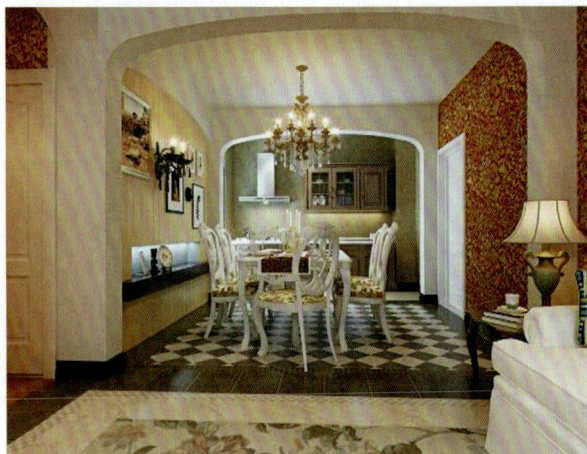

↑ 图2-21 餐厅墙面设计

（3）顶面

餐厅的顶面设计往往比较丰富而且讲求对称，其几何中心对应的位置是餐桌，因为餐厅无论在中国还是在西方，无论是圆桌还是方桌，就餐者均围绕餐桌而坐，从而形成了一个无形的中心环境。由于人是坐着就餐，所以就餐活动所需要的房间层高不必太高，这样设计师就可以借吊顶的变化丰富餐厅环境，同时也可以用暗槽灯的形式来创造气氛。顶面的造型并非一律要求对称，但即便不是对称的，其几何中心也应位于用餐中心位置，因为这样处理有利于空间的秩序化。顶面是餐厅照明光源的主要载体，可以创造就餐的环境氛围。如图2-22所示。

↑ 图2-22 餐厅顶面设计

第三节　色彩搭配

根据现代心理学的研究，人们对于外界信息的感受可通过视觉、听觉、嗅觉、味觉、触觉等多种渠道获得，而通过视觉感受获得信息是最主要的方式。在居住空间的视觉感受中，室内色彩的感受尤为重要。人们进入室内空间后得到的最初印象，75%是关于色彩的感受，然后才会去感知、理解形态。

在居住空间设计中巧妙地运用色彩可以有效地改善空间环境，使空间显得生动、活泼、充满生机，甚至可以使原本狭小、简陋的居住空间变成令人愉悦的新场地，从而给人带来崭新的情感体验；反之，错误地选择色彩，则会给人以局促不安之感。如果室内色彩的构成在客观上显得十分和谐，而且这种和谐又能与居住者的精神诉求相一致，那么人在居住空间中就会显得安宁和愉悦。

1. 客厅色彩设计

客厅的色彩设计应有一个基调。采用什么色彩作为基调，应体现主人的爱好。一般的客厅色调都采用较淡雅或偏冷些的色调。向南的居室有充足的日照，可采用偏冷的色调；朝北的居室可以用偏暖的色调。色调主要是通过地面、墙面、顶面的设计来体现的，而装饰品、家具等只起到调剂、补充的作用。如图 2-23 和图 2-24 所示。

图2-24　客厅色彩设计（二）

2. 卧室色彩设计

卧室色彩应以统一、和谐、淡雅为宜，对局部的原色搭配应慎重。稳重的色调较受欢迎，如绿色系活泼而富有朝气，粉红色系欢快而柔美，蓝色系清凉浪漫，灰调或茶色系大方雅致，黄色系热情中充满温馨气氛。一般卧室墙面设计色彩淡雅一些要比浓重更容易把握。如图 2-25 和图 2-26 所示。

图2-25　卧室色彩设计（一）

图2-23　客厅色彩设计（一）

图2-26　卧室色彩设计（二）

3．餐厅色彩设计

居室餐厅宜营造亲切、淡雅的家庭用餐氛围，在色彩上，宜以明朗轻快的调子为主，用以增加进餐的情趣。色彩对人们就餐时的心理影响较大。据科学分析，不同的色彩会引发人们就餐时不同的情绪，因此墙面的装饰决不能忽视色彩的作用。餐厅墙面色彩应以明朗轻松的色调为主，如橙色系列不仅能给人温馨的感觉，而且可以提高进餐者的兴致，促进人们之间的情感交流，活跃就餐气氛。当然人们在不同的季节、不同的心理状态下，对同一种色彩都会产生不同的反应，这时我们可以用其他手段来巧妙地调节，如灯光的变化，餐巾、餐具的变化，装饰花卉的变化等。如图2-27和图2-28所示。

✤ 图2-27　餐厅色彩设计（一）

✤ 图2-28　餐厅色彩设计（二）

第四节　光　环　境

现代人对居住空间的灯光设计尤为重视。灯光是营造家居气氛的魔术师，它不但使家居气氛格外温馨，还有增加空间层次、增强室内装饰艺术效果和增添生活情趣等功能。在居住空间的光环境设计中，室内照明设计有其独特之处，人们通常都希望在住宅照明中塑造出个性化的效果。

一、光在设计中的作用

1．光表现空间设计

优秀的居住空间室内设计方案，首先应对空间做慎重考虑。因为所有的建筑空间，无论有多少优点，难免有一些遗憾，首先要对其做扬长避短的再调整，即考虑对空间的二次创造。其中光对表现这种二次创造设计如强调空间、突出层次、虚化背景界限、深远空间等有极大的作用。

2．光的装饰作用

在现代居室设计中，光不再仅仅是照明作用。随着人们对环境气氛的要求越来越高，光所具有的装饰效果越来越多地被设计师们所运用。光有冷暖之分，室内环境中只用一种色调的光源可达到极为协调的效果，如同单色的渲染，但若想有多层次的变化，则可考虑有冷暖光的同时使用。现代居室中使用五颜六色的光来营造温馨气氛的佳作很多，例如淡黄色墙面和地面的房间，采用暖光源与地面石材相映，突出温暖气氛，而白色吊顶大多采用非直接照明用途的冷光源，达到了衬托暖光源的作用，是一种对比也是一种丰富。如图2-29和图2-30所示。

光还可被"裁剪"成各种形状，或点、或线、或面。光的边缘则可虚可实，如居室的门厅较为狭长，为了不使大门或客厅之间的连接看上去低矮、狭窄、冗长、阴暗，设计师通过大量用光，将其设计成了一个"光的环境"。一个处理精致的门厅走廊，从客厅往外看去，是另一处明亮、有趣的天地，而非简单地

图2-29　光的装饰作用（一）

图2-30　光的装饰作用（二）

只是承担交通的功能。

此外，光通过影对有质感肌理的材料表现的强化装饰效果，有时还会有意想不到的收获，如光与彩色玻璃的配合几乎可使任何色彩和花纹都能表现其绚丽多彩的装饰效果。

总之，光在居室设计中的运用，令古今中外的很多设计师不断探索其神奇的魅力，当光被设计师更好地利用并展现其魔力时，我们的生活空间将会创造得更美。

二、空间中的光环境

1．客厅照明

客厅是会客和家人团聚的场所，灯的装饰性和照明要求应有利于创造热烈的气氛，使家人在日常

的生活中，诸如阅读报纸、看电视、玩电脑时，能有恰当的照明条件，并且能使客人有宾至如归之感。

客厅照明有两个功能，即实用性和装饰性。必须在设计时就考虑各种可能性，嵌入地板或墙壁中的布线以及墙壁上的插座应该仔细地推敲。一般照明（主体灯）应安装在房间的中央，为整个房间提供一定亮度，并能烘托气氛。展示灯用于为房间里的某个特殊部位提供照明，如一幅画、一件雕塑或者一组饰品。如墙上挂有字画的，可在字画上部安装两盏合适的壁灯或射灯。沙发旁边还可置放一盏落地灯，为某项具体的任务提供照明，如阅读等。

在客厅的聚谈休憩区，灯光应当是明亮、呈散射式的，故宜选用吊灯、吸顶灯以及灯槽和灯栅等。在客厅的音乐欣赏区，可选用壁灯或射灯，抑或是地脚灯，使光与声音自然融合。如图2-31和图2-32所示。

图2-31　客厅灯光设计（一）

图2-32　客厅灯光设计（二）

应当避免发生的情况是客厅的亮度过高,使户外、室内亮度对比太大,使室内的气氛显得生硬而不够热情。另外,常见的现象是客厅的照明偏冷并且缺少调光装置,这样的照明气氛下如果家具的颜色搭配不慎,很容易弱化家庭的温暖感。

无论何种形式,都应该根据客厅的面积和形状,与其他家具一起组成舒适、优雅、悦目的会客、团聚中心。

2. 卧室照明

卧室照明以温馨的气氛为主,主要以暖色调为基调。可在装饰柜中嵌入筒灯,使室内更具浪漫舒适的温情。一般采用两种方式:一种是装有调光器或用电脑开关的灯具;另一种是室内安装多种灯具,分开关控制,并根据需要确定开灯的范围。

卧室整体照明多采用吸顶灯、嵌入式灯;局部照明一般是床头阅读照明和梳妆照明。在床头两边可安装中等光束的壁灯,要能独立地调节和开关每侧的壁灯,以满足个人的需要,也可在床头安装台灯。梳妆台两侧垂直安装低亮度的带状灯具,所使用的光源显色性要好,以显出人的自然肤色。化妆灯应该采用方向性照明,灯具应放在镜子的两侧,不能放在上方,以免眼底出现阴影。如图 2-33 和图 2-34 所示。

⬆ 图2-33　卧室照明设计（一）

3. 餐厨照明

使用厨房的时间其实是一天中难得的令家庭美满、其乐融融的时间,有利于身心的放松和增进家人的感情。因此,厨房餐厅的照明应有足够的亮度、适

⬆ 图2-34　卧室照明设计（二）

宜的色彩,不但要满足厨房的功能要求,还要满足人们对这种场合的心理需要。惬意而有吸引力的灯光能提高制作食物的热情,增强乐意融融的家庭气氛。

餐厅的照明方式主要是对餐台的局部照明,也是形成情调的视觉中心。照在台面区域的主光源宜选择下罩式的、多头型的或组合型的灯具,以达到餐厅氛围所需的明亮、柔和、自然的照度要求。一般不宜采用朝上照的灯具,因为这与就餐时的视觉感受不吻合。还应考虑灯具形态与餐厅的整体装饰风格要一致,不可只强调灯具的形式。在灯光处理上,最好在主光源周围布设一些低照度的辅助灯具,以丰富光线的层次,营造轻松愉快的气氛,起到烘托就餐环境的作用。如在餐厅家具(玻璃柜等)内设置照明;对艺术品、装饰品的局部照明等。这些辅助灯光主要不是为了照明,而是为了以光影效果烘托环境,因此,照度比餐台上的灯光要低,在突出主要光源的前提下,光影的安排要做到有次序、不紊乱。如图 2-35 和图 2-36 所示。

⬆ 图2-35　餐厅照明设计（一）

图2-36 餐厅照明设计（二）

4．书房照明

书房照明应当处理好一般照明和局部照明的关系，如果因背景亮度太低而造成室内亮度对比过大，会使气氛压抑，并容易出现视觉疲劳。书房的一般照明常用吸顶灯或吊灯，这种情况下应注意该灯具的配光范围，如果书柜的垂直照度不够，就会发生查书、换书的视觉困难。

写字台上的局部照明一般是在正前、上方的墙面安装荧光灯管，并在左前的方位布置台灯。这时需要注意的是台灯的配光范围、光束角应适当地加宽些，最好上方的荧光灯管配有反射灯具且选择好安装角度，这些做法有助于提高写字台上的照度和照明的均匀性。

写字台上放置电脑时，各个光源和显示器的相对位置就显得特别重要，处理不当会出现光帷眩光和干扰性眩光，从而大大降低书房的视看效率和视觉舒适性。如图 2-37 和图 2-38 所示。

图2-37 书房照明设计（一）

图2-38 书房照明设计（二）

5．玄关照明

玄关的光照应柔和明亮，可根据顶面造型暗装灯带，镶嵌射灯，设计别致的轨道灯或者简练的吊杆灯，也可以在墙壁上安装一盏或两盏造型独特的壁灯，保证门厅内有较好的亮度，使玄关环境高雅精致。灯光效果应重点突出，不宜求全。如图 2-39 和图 2-40 所示。

图2-39 玄关照明设计（一）

6．卫浴照明

卫浴间通常给人阴暗、潮湿的感觉，我们要力图用光线把这种感觉去除。一般卫浴间的灯光运用是在天花板上嵌灯，日光灯呈青白色的光线会让卫浴

图2-40　玄关照明设计（二）

图2-42　卫浴照明设计（二）

间看起来既阴又冷。因此，不论是灯泡或是灯管，都最好选用发温暖黄色的光。甚至可以在澡盆边使用一些暖灯之类的特殊灯具，避免洗澡时寒冷。卫浴间水汽重，不具备防水性的灯具容易因为水汽入侵而出现故障。

　　除主照明以外，镜子上方也可安装一盏灯作补光之用，也可使用几盏卤素灯将卫浴间阴暗潮湿的感觉转换为明亮优雅的气氛，如图2-41和图2-42所示。

图2-41　卫浴照明设计（一）

第五节　家　　具

1．家具与环境的关系

　　设计和选购家具时应考虑家具的造型、色彩、功能、质感等因素能否与室内环境设计的整体效果相适应。如地面材料、家饰、灯光等相互协调搭配构成一个连贯呼应、相得益彰的整体室内空间效果。除了家具的色彩、造型等应配合居室的整体效果外，家具的尺寸、比例、功能、品质都要仔细选择，要满足人们的使用要求。家具在空间环境中的作用主要有三个方面。

　　（1）明确空间的使用功能，识别空间的性质。不同家具在室内空间中的布置与组合是室内空间性质的直接体现。如在室内空间中放置办公类型的桌椅，那么该空间的性质可能为工作室或书房；在空间环境里放置床，那么该空间可能是卧室；放置电视柜、沙发、茶几，那么该空间的性质可能为客厅。

　　（2）利用好空间。好的家具配置可以充分地利用空间，满足人的需要，利用家具的布置手法又可以有效地组织空间布局。

（3）建立空间气氛，创造美感。家具在室内空间中总会占有一定的位置，体量较为突出，人们在重视家具的使用功能之外，尤其重视家具在室内空间环境中所营造的美感。主人可以通过家具展现自己的社会地位、经济状况、职业特点和审美情趣。良好的家具组织，可以使室内环境具有浓厚的艺术氛围，富于感染力。如图2-43和图2-44所示。

图2-43　家具与环境（一）

图2-44　家具与环境（二）

2．家具的布置方法

家具陈设本身就是一门艺术。除去功能上的需要外，摆放位置是否得体奠定了居室空间装饰的基调。在布置家具之前首先应对空间条件有一个清晰的认识，根据具体的空间环境才能使家具与室内空间相得益彰。

无论何种空间类型都有一定的尺度，所以家具的数量应与空间环境相适应，应留出更大的活动空间，家具在室内的摆放面积一般不宜超过室内总面积的30%～40%。

家具的类型和数量要结合空间的使用性质和特

点，做到功能分区合理。利用家具组织安排空间的活动线，动、静分区特征鲜明，应从布置格局、风格特点等方面加以考虑，使家具的布置规律有序，产生良好的视觉空间环境。如图2-45和图2-46所示。

图2-45　家具的布置（一）

图2-46　家具的布置（二）

家具的造型设计、材料的选用及搭配、装饰纹样、色彩图案等则更多地考虑了人的心理需要。如青年人房间的家具造型应简洁、轻盈、色彩明快、装饰美观等；小孩房间的家具造型应色彩跳跃、造型小巧圆润等；老年人房间的家具造型应端庄、典雅、色彩深沉、图案丰富等。

3．家具与人体工程学

家具不仅要美观，还要满足使用要求，且使用起来舒适方便。现代家具的设计特别强调与人体工程学相结合。家具产品本身是服务于人的，所以家具设计中的尺度、造型、色彩及其布置方式，都必须符合人体生理、心理要求以及人体各部分的活动规律，以便达到安全、实用、方便、舒适、美观之目的。

在家具设计中要特别强调家具在使用过程中对人体的生理及心理的影响，并对此进行分析，在此基础上为家具设计提供科学的依据。应根据人的立位、坐位和卧位的基准点来规范家具的基本尺度及家具间的相互关系。人体工程学在家具与室内设计中应用层面如下：

第一，确定人和人际交往在室内活动所需的空间作为主要设计依据。根据人体工程学中的有关数据，从人的活动空间、心理空间以及人际交往的空间等方面考虑，以确定空间范围。

第二，确定家具、设施的形体、尺度及其使用范围。家具为人所使用，因此它们的形体、尺度必须以人体的高度为主要依据；同时，人们为了使用这些家具和设施，其周围必须留有活动和使用的最小空间，这些要求都由人体工程科学来予以解决。

第三，对视觉要素的计测为室内视觉环境设计提供科学依据。人眼的视力、视野、光觉、色觉是视觉的要素，人体工程学通过计测得到的数据，对室内光照设计、室内色彩设计、视觉最佳区域等提供了科学的依据。

因此，良好的家具设计得益于正确地运用人体工程学原理。它可以减轻人类的劳动，节约时间，使人身体健康、心情愉悦，从而满足我们生活的要求。如图2-47和图2-48所示。

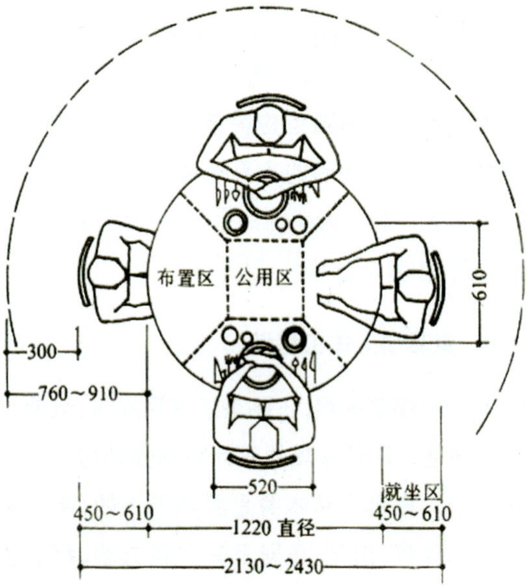

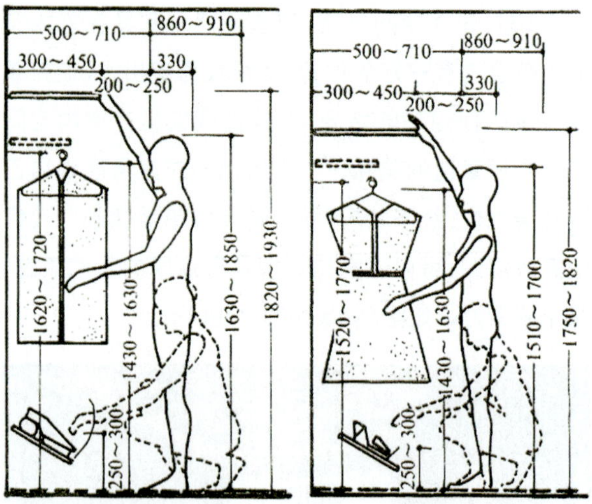

图2-48　家具与人体工程学（二）

第六节　室内陈设

室内陈设能美化室内环境、增添室内意境、渲染气氛，是强化居室风格的重要手段，与人们的生活密切相关。缺少室内陈设的居室空间环境使人感到冷漠、乏味、没有生机，因此，室内陈设是室内空间不可缺少的部分。如图2-49和图2-50所示。

图2-47　家具与人体工程学（一）

图2-49　居室陈设品（一）

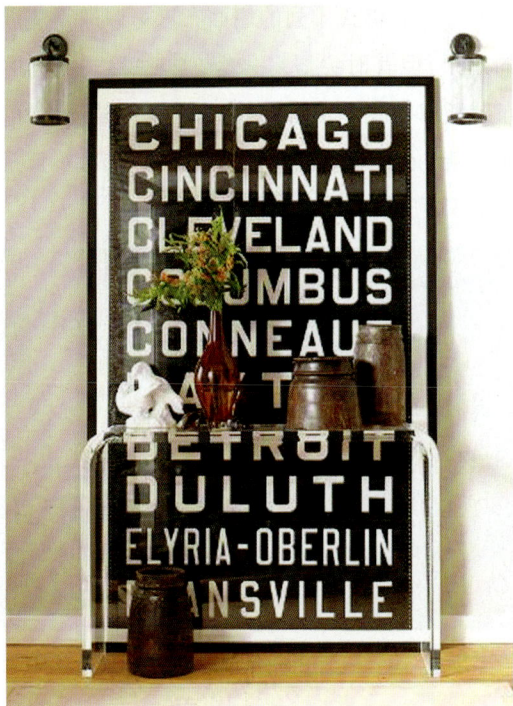

⊕ 图2-50　居室陈设品（二）

1．室内陈设的作用

（1）点缀空间

点缀空间是室内陈设的基本功能。室内空间没有陈设品的点缀，就会空洞乏味，没有生趣，陈设品能使"苍白、冷漠"的空间更充实、更完美。

（2）烘托室内气氛、营造环境意境

居室气氛和环境的形成由多种因素构成。室内陈设是其中重要的因素之一，恰当合理地运用室内陈设可烘托气氛、营造意境，使空间更完美，更具整体感。

（3）强化室内环境风格

室内空间有多种不同的风格，如中式风格、欧式风格、现代风格等。通过室内陈设品不同的形状、色彩、式样、材质及摆设方式来表现和强化各室内空间的风格。如中式风格的室内空间，陈设布置以对称为主，家具材质以木材居多，墙上装饰大多摆放中国画和书法，以此来突出中式风格的古朴；欧式风格通常装潢华丽、家具式样复杂，材质高档、做工精美；现代风格则是以简洁的造型、明快的调子为主。

（4）反映个人情趣

居室空间使用者的文化修养、情趣爱好、品位不同，选择的陈设品则不同。通过室内陈设品可反映使用者的情趣：比如体育爱好者家中，体育器材是其陈设品的首选；书籍是学者、文人的陈设佳品；商人则会选择财神等预示生意兴隆的摆设品。

2．陈设品的选择

陈设品的种类非常丰富，每个陈设品又都有各自的特点，所以，陈设品的选择因个人的文化修养、品位、爱好的不同而存在差异，但总的来说都要充分考虑到个性与共性、整体与局部的关系。如果不能妥善地选择题材，就会导致与室内环境风格的冲突，破坏整体效果。因此，选择陈设品应注意以下几点。

（1）空间功能

满足空间的功能是进行居室设计的首要前提，室内陈设的选择也应首先考虑是否满足空间功能的要求。不同的使用空间功能不同，陈设品要与其相吻合，否则会破坏整体效果，如书籍作为书房的陈设品，与其空间功能十分和谐，是很好的陈设佳品，但把书籍摆放在餐厅的酒架上，则与整体功能不相干，不但起不到强化空间功能的作用，还会破坏空间气氛；又如地毯在空间中有界定空间的功能，并能给人带来温馨的效果，而将其放在厨房或卫生间则会带来管理上的不便，与空间功能要求格格不入。客厅的陈设品应雅俗共赏，这是因为客厅作为居室的公共空间，应体现出共性的特点，所以要照顾多数人的品位；书房、卧室等是相对独立的私密空间，陈设品可以根据个人爱好选择体现自己个性的物品。

（2）空间的面积大小

室内空间的面积大小各不相同，在选择陈设品时必须考虑其空间的面积大小。陈设品的大小和形状千变万化、各不相同，选择时要根据室内空间的面积大小进行选择，这样才能形成恰当的比例，达到理想效果。空间较大时，选择的陈设品则应稍大一些，给人以舒适感，否则空间会显得空旷，使人没有安全感。空间较小时，其陈设品应稍小些，这样就不会使空间变得拥挤，使人产生紧张、压抑的感觉。

（3）陈设品的摆放位置

同一室内空间，不同的位置，所选择的陈设品不同,将陈设品摆放在什么地方好需要精心构思。摆放的位置得当会产生以点带面、相得益彰的效果。陈设品的摆放与人的视点高度、水平距离有关,位置、角度的变化会使陈设品的视觉效果随之发生变化。

人的视觉高度约在 150cm 以上,所以绘画作品的悬挂高度应不低于 150cm,否则会给人带来视觉上的不舒服。一般来讲,人的眼睛与陈设品距离应不少于 70cm 为宜。尺度稍大的陈设品如雕塑、陶瓷等可以摆放在低台或直接放在地面,摆放的位置以不影响生活为原则。

3．陈设品的布置形式

（1）悬挂装饰

为了减少竖向室内空间空旷的感觉,烘托室内气氛,可以在垂直空间悬挂不同的饰物。常见的悬挂陈设品有灯具、风铃等吊饰。需要注意的是悬挂物的高度应以不妨碍活动为原则。如图 2-51 所示。

⚑ 图2-51　悬挂装饰

（2）墙面装饰

墙面装饰物的种类非常丰富,书画、浮雕、挂毯、服饰、纪念品等都可以作为墙面陈设物。在布置时,首先要考虑陈设品摆放的位置,应选择较醒目、宽敞的墙面;其次要考虑陈设品的面积和数量与墙面及邻近家具的比例关系是否合适,是否符合美学原则。

陈设品的排列方式分为对称式排列和非对称式排列两种。对称式排列的墙面布置可以取得庄严稳重的效果,但有时会显得呆板;非对称式排列的墙面布置能取得生动活泼的效果,但如果处理不好,容易显得杂乱无章。在运用时要灵活多变,举一反三。如图 2-52 所示。

⚑ 图2-52　墙面装饰

（3）桌面装饰

桌面装饰的平台包含广泛,如茶几、餐桌、工作台、花架、化妆台等。摆放的物品主要有茶具、植物、插花、文具、书籍、陶艺、灯饰等。桌面装饰位置较低,与人的距离较近,其陈设品摆放的位置应以不影响人的日常生活行为为原则。对于一些有实用功能的物品摆放的位置应便于使用。桌面陈设一般为水平摆放,摆设的物品不应过多、过杂,否则会出现杂乱无章的效果,桌面的陈设品应是点睛之笔。

（4）地面装饰

因地面陈设品要占用一定的空间,所以地面装饰一般放置在较大的室内空间。地面装饰有组织空间、划分空间的作用,但在布置地面陈设品时应注意不影响活动空间,并注意自身的保护。家庭中常用的地面装饰有落地灯、座钟、瓷器等。如图 2-53 所示。

（5）展架装饰

如果陈设品的数量比较丰富时,可采用展架陈设。它适用于汇集数量较多的书籍、古玩、瓷器、工艺品、纪念品、玩具等摆放。需要注意的是,在布置时要求陈设品摆放错落有致,从色彩、材质等方面结合美学原则合理设置,切忌杂乱无章,没有秩序层次。如图 2-54 所示。

图2-53　地面装饰

图2-54　展架装饰

第七节　绿　化

居住空间绿化装饰是将花卉园艺与建筑装饰艺术结合起来，集科学性与艺术性为一体。室内建筑空间融入自然景色是人们精神方面的需要，这一方式满足了人们回归自然、返璞归真的心理需要。

植物是室内绿化设计中的主要材料，具有丰富的内涵和作用。广义地说，室内绿化植物是指一切用于美化和装饰室内环境的植物。也就是说，它是指所有被当作室内各种装饰形式（如盆花、插花等）的植物；狭义地说，是特指比较适应室内环境条件，能够较长时间地生长于室内且起装饰美化作用的植物。

室内植物的特点是：一是适应室内环境。室内阳光一般不足，温差较小，通风较差，具有耐阴习性的植物较适合；二是装饰性强，室内植物多选择观赏性较强、观赏时间较长的植物。

根据室内植物观赏的部位不同，可分为三类。

（1）观叶植物。观叶植物是室内植物的重要组成部分。观叶植物的叶十分美观，有的青翠碧绿、有的五光十色，形状也千姿百态，能使人感觉宁静娴雅、清新自然。常见植物有鹿角蕨、铁兰、水棕竹、蒲葵等。

（2）观花植物。观花植物一般花色艳丽、光彩夺目、千姿百态，能使人感觉温暖热烈、喜气洋洋，可起到画龙点睛的作用。常见植物有水仙、君子兰、仙客来、秋海棠等。

（3）观果植物。观果植物的果实大都色彩艳丽、形状美观，能使人欢喜快慰，享受收获的快乐，常见植物有石榴、草莓、冬珊瑚、观赏辣椒等。

1．室内绿化的功能

（1）改善室内环境

室内植物以观叶植物为主，大多枝叶茂盛，因此可以在一定范围内调节室内的温度和湿度，净化室内空气，吸附一些有毒气体和尘埃，减少噪音。

如冷水花能吸收室内的二氧化碳、二氧化硫、甲醛，对空气的有毒物质如油烟、煤气有一定的抵抗能力；石竹能吸收二氧化硫和氯化物；五彩椒、常春藤可吸收苯、三氯乙烯、尼古丁、氨等有害气体。芦荟、吊兰、虎尾兰、一叶兰、龟背竹等植物是空气的天然清道夫。凤仙、牵牛、石竹、茶花、仙客来、鸢尾、唐菖蒲等通过叶片吸收毒性很强的二氧化硫，经过氧化作用将其转化为无毒或低毒性的硫酸盐等物质；水仙、紫茉莉、菊花、鸡冠花、一串红、虎耳草等能将氮氧化物转化为植物细胞的蛋白质等；兰花、桂花、腊梅、花叶芋、红背桂等植物的叶表面有许多凸凹构造或叶表面有许多绒毛，能截留并吸滞空气中的飘浮微粒及烟尘，是天然的除尘器。

室内植物在进行光合作用时，会吸收或蒸发一些水分，从而调节室内温度和湿度。茂盛的枝叶对于声波的反射与漫反射有一定影响，可降低一些室内噪音，保持良好的室内听觉效果。

（2）美化环境

室内绿化经过精心设计和摆设，能给人以很强的艺术感染力,可以美化环境,柔化、填充剩余空间,衬托气氛,强调主体。近似的绿化设计又可以使不同的空间达成统一,有利于构成良好的视觉效果,拉近空间与人的关系。

在室内空间中常会出现死角,利用绿化装点可充实、完善空间。如家具沙发的死角、墙角、楼梯间等难利用的空间,通过绿化的点缀,能够景象一新,充满生机。

(3)满足精神、心理需要

现代生活环境使人们工作生活的节奏加快,精神压力增大,人们向往能回归自然、放松心情。室内绿化能给人以回归自然的感觉,使人精神放松、心情舒畅。不同的绿化设计也能反映人的不同思想和意境,体现文化修养,如松竹代表清高,葡萄代表桃李满天下等。

(4)组织空间

室内绿化对组织空间具有重要作用。绿色植物的摆放可以组织、引导室内空间的路线。一个空间有时同时要求有多个功能,利用绿化进行分割、组织,可使空间使用更灵活。

2.室内绿化运用的基本原则

(1)根据空间的面积和形状布置

不同的室内绿化的姿态、色彩、大小各不相同,在进行布置时应根据空间和家具的形态、大小来选择。

室内空间面积较大时,应选择体积较大的植物绿化,如比较高大的盆栽植物或巨型盆景,这样才能给人一种舒适感,否则会使人感到空旷,产生荒凉感,甚至不安全感。

当室内空间狭小时,就不宜选择高大、占地面积较大的植物绿化,也不宜布置过多的悬垂植物绿化,避免产生拥挤压抑的感觉。宜选用较小的盆栽植物或普通盆景。

布置室内绿化时还应考虑与空间形状、家具大小及摆设的关系。室内绿化应放在"最佳视点"。如餐桌和沙发是人们用餐和经常休息的地方,盆花安放时应考虑这些位置的最佳视点。此外,还应讲究悬吊绿化的悬吊长度和位置。

(2)根据空间的基本风格布置

进行绿化设计时,应首先考虑室内的气氛、主题等要求。通过室内绿化设计,充分发挥室内空间的风格,增强艺术感染力。如中式风格的室内空间,绿化设计要讲究平衡对称。选择绿化的色彩时要根据其空间的整体色彩设计,在统一中求变化。

(3)根据空间的功能布置

室内空间的功能性是设计中最重要的因素,没有功能的室内空间就没有存在的必要。另外,不同的功能空间中,室内绿化的选择和布置也不同。

(4)根据植物的生长习性布置

不同的植物对阳光的需要程度不同,可分为阳性植物、半阴性植物和阴性植物。阳性植物需要充足的阳光,如阳光不足,会造成枝叶生长缓慢,叶色变淡变黄,难以开花或开花难看;半阴性植物需要弱光或散射光;阴性植物不喜欢阳光,也能耐阴。在室内布置时,应将阳性植物安放在阳光能直接照射的地方,如阳台、阳面屋子;阴性植物安放在阴凉处,如大厅的角落。此外,不同的植物所适宜的温度、湿度不同,布置时应予以考虑。

(5)根据使用者的喜好

不同的室内空间对应的使用者会不同,不同的使用者在文化修养、生活习惯等方面也不同,在进行室内绿化布置时应考虑此因素。

3.各功能空间的绿化设计

(1)客厅。客厅是进行家庭会客、团聚、休闲、娱乐等活动的场所,是家庭的活动中心,公共性强,面积大。这个空间的绿化可以处理得多姿多彩、不落俗套。切忌过多,要有重点。布置客厅绿化应注意两点:一是放置的地方勿阻碍走动的路线;二是布置尽量靠边,中间不易布置高大的植物。如图2-55所示。

客厅如果空间较大,适合摆设挺拔舒展、造型生动的植株,如南洋杉、龟背竹、巴西木等观叶植物。可根据空间氛围再点缀较小的植株或盆栽,如金橘、桂花、一品红、米兰、袖珍石榴等,这种高低起伏的搭配效果,会形成一种百花争艳的气势,使整个客厅充

食欲,如棕榈、变叶木、巴西铁树、梨类、马拉巴栗或色彩缤纷的大中型盆栽花卉和盆景。如图2-56所示。

⬆ 图2-55　绿化装饰（一）

满活力,生机盎然。

（2）卧室。卧室的绿化应简单、纯朴,体现舒适感、亲切感。卧室的绿化植物以观叶植物为主,观花植物为辅,因为夜间大多卧室门窗紧闭,空气流通不好,应避免花粉过敏,有些花香还会影响人的休息和入睡。卧室的绿化不宜过多,植物的绿叶夜间吸收氧气并呼出二氧化碳,容易导致室内缺氧。

卧室配置的花草应与空间大小相适宜。简言之,宜配置株型和叶片都较小的花草,使室内不显得臃肿,因此,卧室内宜饰植金橘、桂花、瑞香、茉莉、满天星、仙客来、袖珍石榴等中小型植株的花草和盆景。

儿童房不宜摆放大型或叶片细碎的植物。因为这些植物夜间通过光线形成影子,容易使人产生联想,会惊吓到孩子。

（3）餐厅。餐厅的绿化设计应着重考虑视线的位置,色调应以暖色为主,可以以观叶植物、蔬菜、水果等为材料。餐桌是绿化的重点,可摆放插花、水果等,但不应选择花粉过多、刺激过强的植物,以免污染食物;色彩以暖色为主,如橙色、黄色等,可促进

⬆ 图2-56　绿化装饰（二）

（4）书房。书房最能反映主人的爱好和文化修养,设计时要根据主人的喜好进行绿化设计。要营造优雅宁静的气氛,应选择观叶植物或清香淡雅、颜色明亮的花卉植物,并不宜过多,可采用棕榈植物或观叶植物布置。如在书柜顶摆上一盆吊兰,让翠叶从盆间伸出。在桌面上可点缀小型盆栽植物。若房间面积较小,则宜选择娇小玲珑、姿态优美的小型观叶植物,如文竹、袖珍椰子等,或置于案头,或摆放窗前,这样布置既不拥挤,又不空虚,与房间大小和谐协调,充分显示出室内观叶植物装饰的艺术魅力。

（5）走廊、楼梯。走廊、楼梯的空间若较小,且人来人往,应选择较小的绿化或利用悬吊空间点缀绿化。若较宽敞,则可以在中间不妨碍路线的地点设置多角度观赏的绿化装饰。如图2-57所示。

（6）阳台。阳台的环境条件与室内不同,它吸

图2-57　绿化装饰（三）

热快，散热慢，蒸发量大，空气干燥；同时阳台光照条件因阳台朝向不同而不同。因此，阳台进行绿化设计时要根据其朝向和面积的大小来定。一般来说，南向阳台宜选置白兰、茉莉、月季、石榴等多种喜光耐热的花卉；北向阳台则宜选万年青、文竹、天门冬、玉簪等耐阴花卉；西向阳台则宜置牵牛花、常青藤、葡萄等攀爬性花卉，用以遮挡西晒的烈日、隔热降温；东向阳台一般只能在上午时接受几个小时的光照，因此，应摆放竹类、山茶、杜鹃等花卉。

4．绿饰配置的注意事项

一些花草香味过于浓烈，会让人难受，甚至产生不良反应。如松柏类花木的芳香气味对人体的肠胃有刺激作用，不仅影响食欲，而且会使孕妇感到心烦意乱、恶心呕吐、头晕目眩；百合花所散发出来的香味如闻之过久，会使人的中枢神经过度兴奋而引起失眠。一些花卉会让人产生过敏反应，天竺葵散发的微粒，如果与人接触，会使人的皮肤过敏；人碰触抚摸紫荆花，往往会引起皮肤过敏，甚至出现红疹，奇痒难忍。有的观赏花草带有毒性，摆放应注意，如郁金香和含羞草，它的花朵含有一种毒碱，接触过久，会加快毛发脱落；绿萝的汁液有毒，碰到皮肤会引起红痒，误食也会造成喉咙疼痛。

第三章
居住空间功能区设计

就居室空间而言,居室功能区是以满足全家活动为中心的原则进行合理安排的。各功能空间应有良好的空间尺度和视觉效果,应做到功能明确,各得其所。合理的功能空间关系,可以采用物理手段和必要的分隔措施实现公私分离、食宿分离、动静分离。应合理安排设备、设施和家具,并保证稳定的布置格局。

设计师在设计过程中通常要做整体空间的功能分析,这是对建筑空间或环境所提出的基本要求的分析,它主要体现在合理的功能分区和明确的流线组织方面,同时兼顾采光、通风、朝向等方面,要求设计出的效果具有合理的空间关系、流畅的交通通道并且主次分明。

第一节 门厅玄关

一、玄关的概念

玄关原指佛教的入道之门,现在泛指厅堂的外门,也就是居室入口的一个区域。玄关一词源于日本,专指住宅与室内外之间的一个过渡空间,也就是进入室内换鞋更衣或从室内去室外的缓冲空间。也有人把它叫做斗室、过厅、门厅。在住宅中玄关虽然面积不大,但使用频率较高,是进出住宅的必经之处。

玄关的概念源于中国,过去中式民宅推门而见的"影壁"或称照壁,就是现代家居中玄关的前身。中国传统文化中式礼仪,讲究含蓄内敛,有一种"藏"的精神。体现在住宅文化上,"影壁"就是一个生

动写照,不但使外人不能直接看到宅内人的活动,而且通过影壁在门前形成了一个过渡性的空间,为来客指引了方向,也给主人一种领域感。

现在,经过长期的约定俗成,玄关指的是房屋进户门入口的一个区域。玄关是客厅与出、入口处的缓冲,而这里也是居家给人"第一印象"的制造点,是反映主人文化气质的"脸面"。因此,不要单单只重视客厅的装饰和布置,而忽略对玄关的装饰。其实,在房间的整体设计中,玄关既有很好的使用功能,又有较高的美化作用。玄关一般与厅相连,由于功能不同,需调度装饰手段加以分割。如图3-1和图3-2所示。

⬆ 图3-1 影壁

二、玄关的设计

一般来说,玄关是一进门口所看到的一个独立空间,与屋内的其余空间隔开。一方面能够增强私密性;另一方面可以从采光通风、应用合理的角度来

⬆ 图3-2 玄关的设计

设计空间。玄关不宜太狭窄，一般不小于1200mm，不宜太阴暗、杂乱等。从传统上来讲，要有一块放雨伞、挂雨衣、换鞋、放包的地方。因此出现在这个地方的布置物件也不少，鞋柜、衣帽柜、镜子、小坐凳、古董摆设、挂画等。通常采用屏风、帘子、柜子等简单家具装饰来布置。

一般设计玄关，常采用的材料有木材、夹板贴面、雕塑玻璃、喷砂彩绘玻璃、镶嵌玻璃、玻璃砖、镜屏、不锈钢、花岗岩、塑胶饰面材以及壁毯、壁纸等。

三、主要家具及陈设

1. 鞋柜

玄关最常见的家具就是鞋柜，能够方便主人、客人在此换鞋。传统文化中，鞋柜的设置很有讲究。首先，鞋柜不宜太高，鞋柜的高度不宜超过户主身高。鞋柜的面积宜小不宜大，鞋子宜藏不宜露。鞋柜的内部，层架要设计成倾斜，摆放鞋子入内时，鞋头要向上，有步步高升的寓意。鞋柜内还要设法减少异味向四周扩散，否则会影响和谐的气场。鞋柜在玄关中的位置宜侧不宜中，即指鞋柜不宜摆放在玄关墙面正中位置，应离开玄关中心的焦点。如图3-3和图3-4所示。

2. 镜子

镜子也是玄关处比较常见的物品。如果玄关空间较小，一般在侧对门的位置安置入墙镜，加深视野以扩展空间。有时，为了加强对落地镜的装饰，在镜

⬆ 图3-3 鞋柜的设计（一）

⬆ 图3-4 鞋柜的设计（二）

前放一个小茶几，放一盆绿色植物，便可将自然界的勃勃生机引入室内。不过镜子的位置很有讲究，要特别注意镜子不能正对大门，因为镜子有反射和谐气场的心理作用。如图3-5和图3-6所示。

式成型家具的形式做隔断体，既可储放物品，又起到划分空间的功能，如图 3-7 所示。

图3-5 镜子的设计（一）

图3-6 镜子的设计（二）

图3-7 低柜隔断式

四、玄关设计的主要方式

1．低柜隔断式

低柜隔断式即以低形矮台来限定空间，以低柜

2．玻璃通透式

玻璃通透式即以大屏玻璃做装饰遮隔，或在夹板贴面旁嵌饰喷砂玻璃、压花玻璃等通透的材料，既可以分隔大空间，又能保持整体空间的完整性。

3．格栅围屏式

格栅围屏式主要是以带有不同花格图案的透空木格栅屏作隔断，既有古朴雅致的风韵，又能产生通透与隐隔的互补作用。

4．半敞半蔽式

半敞半蔽式即以隔断下部为完全遮蔽式设计，隔断两侧隐蔽无法通透，上端敞开，贯通彼此相连的天花顶棚。半场半蔽式的隔断高度大多为1500mm，通过线条的凹凸变化，墙面挂置壁饰或采用浮雕等装饰物的布置，从而达到浓厚的艺术效果，如图 3-8 所示。

⊕ 图3-8　半敞半蔽式

5．柜架式

柜架式就是半柜半架式，柜架的形式采用上半部为通透格架做装饰，下部为柜体，或以左右对称形式设置柜件，中部通透等形式，或用不规则手段，虚实聚散互相融合，以镜面挑空和贯通等多种艺术形式进行综合设计，以达到美化与实用并举的目的。

五、玄关材料的应用

1．地面材料

玄关需要保持清洁，所以一般会采用大理石或地面砖。在设计上为了美观效果，也可以将玄关的地坪与客厅区分开来自成一体。可选用磨光大理石拼花，或用图案各异、镜面抛光的地砖拼花，或者用复合地板。地面设计需把握易清洁、耐用、美观的原则。如图3-9所示。

2．顶面材料

玄关的吊顶可以是曲线、几何体或者木格架等，并搭配一些挂饰，还要考虑与客厅的吊顶相结合，以达到简洁、统一、兼具个性的效果，如图3-10所示。

⊕ 图3-9　玄关地面铺装

⊕ 图3-10　玄关顶面设计

3．墙面材料

墙面材料是整个玄关的整体，在搭配上讲究下实上虚，以达到整体的过渡性效果，墙体的下部宜选用厚重的木质材料或者贴深色的面砖，构造纹路及凹凸变化的线条效果。或者采用浮雕布置浓厚的艺术效果，上部是通透的效果，多种艺术玻璃、磨砂玻璃制品都是较好的选择。另外，玄关最好有一个厚度以表现下部沉稳的感觉，除了用板材做橱柜外，还可以用空心玻璃砖等块状透明装饰材料砌筑一面墙体，既厚重又通透，并且这类材料都有很多种颜色和花纹，搭配起来比较随意，彰显个性。如图3-11和图3-12所示。

图3-11　玄关墙面设计（一）

图3-12　玄关墙面设计（二）

第二节　客　厅

客厅作为家庭生活活动的区域之一，具有多方面的功能，在人们的日常生活中使用是最为频繁的，它集聚了活动、休闲、团聚、游戏、娱乐、进餐等功能，

又是接待客人、对外联系交往的社交活动空间。客厅应该具有较大的面积和适宜的尺度，同时，要求有较为充足的采光和合理的照明。因此，客厅便成为住宅的中心空间和对外的一个窗口。作为整间屋子的中心，客厅值得人们更多关注。因此，客厅往往被主人列为重中之重，通常会精心设计，精选材料，以充分体现主人的品位和设计意境。如图3-13所示。

图3-13　客厅设计

一、客厅的功能

1. 家庭聚谈休闲

客厅首先是家庭团聚交流的场所，这也是客厅的核心功能，是主体，因而往往通过一组沙发或座椅的巧妙围合形成一个适宜交流的场所。场所的位置一般位于客厅的几何中心处，以象征此区域在居室中心位置。家庭的团聚围绕电视机展开休闲、饮茶、谈天等活动，从而形成一种亲切而热烈的氛围。如图3-14所示。

图3-14　客厅休闲功能

2．会客

客厅往往是一个家庭对外交流的场所，是一个家庭对外的窗口，在布局上要符合会客的距离和主客位置上的要求，在形式上要创造适宜的气氛，同时要表现出家庭及主人的品位，以便达到对外展示的效果。在我国传统住宅中，会客区域是方向感较强的矩形空间，视觉中心是中堂画和八仙桌，主客分列八仙桌两侧。而现代会客空间的分割则要轻松得多，它位置随意，可以和家庭聚谈空间合二为一，也可以单独形成亲切会客的小场所。围绕会客空间可以设置一些艺术灯具、花卉、艺术品以调节气氛。如图 3-15 所示。

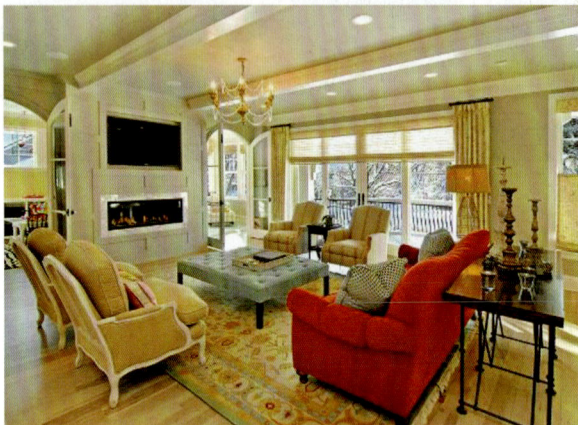

图3-15　客厅会客功能

3．视听

听音乐和观看表演是人们生活中不可缺少的部分。西方传统的住宅客厅中往往给钢琴留出位置，而我国传统住宅的堂屋中常常有听曲看戏的功能。而现代视听装置的出现对其位置、布局以及与家居的关系提出了更加精密的要求。电视机的位置与沙发座椅的摆放要吻合，以便坐着的人都能看到电视画面。另外电视机的位置和窗的位置有关，要避免逆光以及外部景观在屏幕上形成的反光，对观看质量产生影响。音响设备的质量以及最终形成的室内听觉质量也是衡量室内设计成功与否的重要标准。音箱的摆设是决定最终听觉质量的关键，音箱的布置要使传出的音响造成声音上的动态和立体效果。如图 3-16 所示。

图3-16　客厅视听功能

4．娱乐

客厅中的娱乐活动主要包括棋牌、卡拉OK、弹琴、游戏机等消遣活动。根据主人的不同爱好，应当在布局中考虑到娱乐区域的划分，根据每一种娱乐项目的特点，以不同的家具布置和设施来满足娱乐功能要求。如卡拉OK可以根据实际情况或单独设立沙发、电视，也可以与会客区域融为一体来考虑，使空间具备多功能的性质。而棋牌娱乐则需要有专门的牌桌和座椅，对灯光照明也有一定的要求，当然根据实际情况也可以处理成为和餐桌餐椅相结合的形式。游戏的情况则较为复杂，应视具体种类来决定它的区域位置以及面积大小。如有些游戏可以利用电视来玩，那么聚谈空间就可以兼做游戏空间。有些大型的玩具则需要较大的空间来布置。如图 3-17 所示。

5．阅读

在家庭的休闲活动中，阅读占有相当大的比例，以一种轻松的心态去浏览报纸、杂志或小说对许多人来讲是一件愉快的事情。这些活动没有明确的目的性，时间上很随意、很自在，因而也不必在书房中进行。这部分区域在客厅中存在，但其位置不固定，往往随时间和场合而变动。如白天人们喜欢靠近有阳光的地方阅读，晚上希望在台灯或落地灯旁阅读，而随着聚会场所进行的阅读活动形式更是不拘一格。阅读区域虽然说有其变化的一面，但其对照明的要求和座椅的要求以及存书的设施要求也是有一

图3-17　客厅娱乐功能

定的规律的,我们必须准确地把握分寸。如图 3-18 所示。

图3-18　客厅阅读功能

二、客厅的设计原则

1．风格明确

客厅是家庭住宅的核心区域,面积较大,空间是开放性的,地位也最高。它的风格基调往往是家居格调的主脉,把握着整个居室的风格。因此确定好客厅的装修风格十分重要。可以根据主人的喜好选择传统风格、现代风格、混搭风格,中式风格或西式风格等。客厅的风格可以通过多种手法来实现,其

中包括吊顶设计、灯光设计以及后期的配饰,其中色彩的不同运用更适合表现客厅的不同风格,突出空间感。如图 3-19 和图 3-20 所示。

图3-19　欧式客厅设计

图3-20　中式客厅设计

2．个性鲜明

不同的客厅装修中,每一个细小的差别往往都能折射出主人不同的人生观及修养、品位,因此设计客厅时要用心,要有匠心,个性可以通过装修材料、装修手段的选择及家具的摆放来表现,但更多的是通过配饰等软装饰来表现,如工艺品、字画、靠垫、布艺、小饰品等,这些更能展示出主人的修养。

3．分区合理

客厅要实用,就必须根据自己的需要进行合理的功能分区。如果家里人看电视的时间非常多,那么就可以以视听柜为中心来确定沙发的位置和走向;如果不常看电视,客人又多,则完全可以以会客区作为客厅的中心。

客厅的区域划分可以采用"软性区分"和"硬性区分"两种办法。软性划分是用"暗示法"塑造空间,利用不同装修材料、装饰手法、特色家具、灯光造型等来划分。比如通过吊顶从上部空间将会客区与就餐区划分开来,在地面上可以通过不同铺装的方式把各个区域划分开来。家具的陈设方式可以分为两类,即规则式和自由式。小空间的家具布置以集中为主,大空间则以分散为主。硬性划分是把空间分成相对封闭的几个区域来实现不同的功能,主要是通过隔断、家具的设置等,从大空间中独立出一些小空间来。

4.重点突出

客厅有顶面、地面及立面墙壁。因为视角的关系,墙面理所当然地成为重点。但是四面墙也不能平均用力,应确立一面主题墙。主题墙是指客厅中最引人注目的一面墙,一般是放置电视和音响的那面墙。在主题墙上,可以运用各种装饰材料做一些造型,以突出整个客厅的装饰风格。主题墙是客厅设计的"点睛之笔"。有了这个重点,其他三面墙就可以简单一些。如果都做成主题墙,就会给人杂乱无章的感觉。顶面与地面是两个水平面,顶面在上方,顶面处理对整体空间起决定性的作用,对空间的影响比地面显著。地面通常是最先引起人们注意的部分,其色彩、质地和图案能直接影响室内观感。如图3-21所示。

图3-21 客厅设计突出重点

5.交通组织合理

客厅在功能上是家居生活的中心地带,在交通上则是住宅交通体系的枢纽,客厅常和户内的过厅、过道以及各房间的门相连,而且常采用穿套形式。如果设计不当就会造成过多的斜穿流线,使客厅的空间完整性和安定性受到极大的破坏。因而在进行设计时,尤其在布局阶段一定要注意对室内动线的研究,要避免斜穿,避免室内交通路线太长。措施之一是对原有的建筑布局进行适当的调整,如调整户门的位置,或者是利用家具布置来巧妙围合、分割空间,以保持区域空间的完整性。

6.通风与采光良好

要保持良好的室内环境,除视觉美观以外,还要给居住者提供洁净、清晰、有益健康的室内空间环境,保证室内空气流通是这一要求的必要手段。空气的流通分两种:一种是自然通风;另一种是机械通风,机械通风是对自然通风不足的一种补偿。客厅也是室内组织自然通风的中枢,因而在室内布置时,不宜削弱此种作用,尤其是在隔断、屏风的位置上,应考虑它的尺寸和位置,以不影响空气的流通为原则。而在机械通风的情况下,也要注意因家具布置不当而形成的死角对空调功效产生的影响。此外,客厅应保证良好的日照,并尽可能选择室外景观较好的位置,这样不仅可以充分享受大自然的美景,更可感受到视觉与空间效果上的舒适与伸展。如图3-22所示。

图3-22 客厅的通风与采光

总之,在满足客厅多功能需要的同时,应注意整个客厅的协调统一;各个功能区域的局部美化装饰应服从整体的视觉美感。要做到舒适方便、热情亲切、丰富充实,使人有温馨祥和的感觉。

三、客厅的设计与布置

　　客厅的家具应根据活动和功能性质来布置，其中最基本也是最低限度的要求是设计包括茶几在内的一组休息、谈话使用的座位（一般为沙发），以及相应的诸如电视、音箱、书报、音视资料、饮料及用具等，其他要求就要根据客厅的单一或复杂程度，增添相应的家具设备。多功能组合家具，能存放多种多样的物品，常为客厅所采用，整个家居布置应做到简洁大方，突出以谈话区为中心的重点，这样才能体现客厅的特点。一个房间的使用功能是否专一，在一定程度上是衡量生活水平高低的标志，并从其家具的布置上首先反映出来。客厅的布置形式很多，一般以长沙发为主，排成"一"字形、L形、U形和双排形，同时应考虑多座位与单座位相结合，以适合不同情况下人们的心理需要和个性要求。

　　现代家具类型众多，可按不同风格采用对称型、曲线型或自由组合型的不同布置形式。不论采用何种方式布置的座位，均应有利于彼此谈话的方便。一般采取谈话者双方对坐或侧对坐为宜，座位之间距离一般保持2m左右，这样的距离才能使谈话双方不费力。为了避免对谈话区的各种干扰，室内交通路线不应穿越谈话区，门的位置宜偏于室内短边墙面或角隅，谈话区位于室内一角或尽端。以便有足够的实体墙面布置家具，形成一个相对完整的独立空间区域。如图3-23所示。

⬆ 图3-23　客厅设计

四、客厅沙发的布置形式

1．L形布置

　　L形布置是沿两面相邻的墙面布置沙发，其平面呈L形。此种布置大方、直率，可在对面设置视听柜或放置一幅整墙大的壁画，这是很常见且较合时宜的布置形式。如图3-24所示。

⬆ 图3-24　L形布置

2．C形布置

　　C形布置是沿三面相邻的墙面布置沙发，中间放一茶几，此种布置入座方便，交谈容易，视线能顾及一切，对于热衷社交的家庭来说是非常合适的。如图3-25所示。

⬆ 图3-25　C形布置

3．对角布置

　　对角布置是两组沙发呈对角状，为一垂一直不对称布置，显得轻松活泼、方便舒适。

4. 对称式布置

对称式布置类似中国传统的布置形式,气氛庄重,位置层次感强,适用于较严谨的家庭采用。

5. "一"字形布置

"一"字形布置比较常见,沙发沿一面墙摆开呈"一"字状,前面摆放茶几,对于起居室较小的家庭可采用,如图3-26所示。

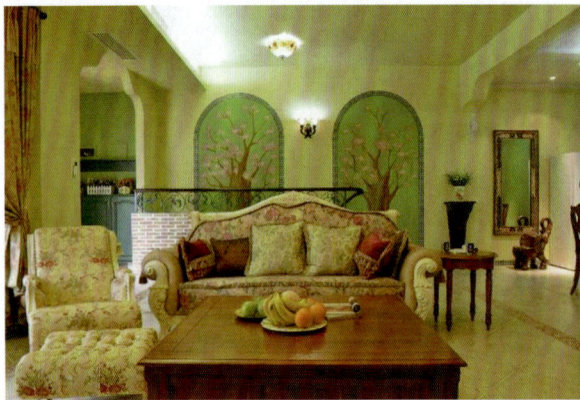

图3-26 "一"字形布置

6. 安乐式布置

安乐式布置十分逍遥,安乐椅与长沙发相对,这种布置方式对于家中有年迈、体弱、多病者比较适宜,可躺可坐,甚为方便,如图3-27所示。

图3-27 安乐式布置

7. 四方形布置

四方形布置适于喜欢下棋、打牌的家庭,游戏者可各据一方,爱玩的家庭可采用类似布置方式。

8. 地台式布置

地台式布置利用地台和下沉的地坪,不设具体座椅,只用靠垫来调节座位,松紧随意,十分自在。地台也可做临时睡床等多种用途,是一种颇为别致的布置类型。

以上这些布置形式不是一成不变的,可以根据需要做适当的调整和改变。另外会客区除沙发、茶几外,还可设置储藏柜、装饰柜等家具。这些家具可以是单件的,也可以是组合式的;可以是低矮的,也可以是壁挂的。

第三节 卧 室

人类生命过程的 1/3,几乎是在睡眠中度过的。卧室的主要功能是供人们休息睡眠的场所。卧室设计必须力求隐秘、恬静、舒适、便利、健康,在此基础上寻求温馨的氛围与优美的格调,充分释放自我,求得居住者的身心愉悦。卧室是私密性很强的空间,其设计可完全依从房主的意愿,不必像客厅等公共空间一样。设计时要考虑到防潮要求、隔音要求、休闲要求、私密要求以及储存要求等。如图 3-28 和图 3-29 所示。

图3-28 卧室设计(一)

↑ 图3-29　卧室设计（二）

一、卧室的功能

在卧室内一般应设置满足主人视听、阅读、储藏等为主要内容的区域。在布置时可根据主人在休息方面的具体要求,选择适宜的空间区位,配以家具与必要的设备。

1．梳妆

一般以美容为主进行设计,可按照空间情况及个人喜好分别采用活动式、组合式或嵌入式的梳妆家具形式。

2．更衣

更衣是卧室活动的主要组成部分,在居住条件允许的情况下可设置独立的更衣区位;在空间受限制时,也可以在适宜的位置上设立简单的更衣区域。

3．储藏

卧室储藏物多以衣物、被褥为主,一般嵌入式的壁柜系统较为理想,这样有利于加强卧室的储藏功能,也可根据实际需要,设置容量与功能较为完善的其他形式的储藏家具或单独的储藏空间,如图3-30所示。

4．盥洗

卧室的卫生区位主要指浴室而言,最理想的状况是主卧室设有专用的浴室及盥洗设施。主卧室的布置应达到隐秘、宁静、便利、合理、舒适和健康等要求。在充分表现个性色彩的基础上,营造出优美的

格调与温馨的气氛,使主人在优雅的生活环境中得到充分放松休息。如图3-31所示。

↑ 图3-30　卧室的储藏功能

↑ 图3-31　卧室的盥洗功能

二、卧室的种类

1．主卧室

主卧室是供主人居住、休寝的空间。要求有严密的私密性、安宁感和心理安全感。在设计上,应营造出一种宁静安逸的氛围,并注重主人的个性与品位的表现。在功能上,主卧室是具有睡眠、休闲、梳妆、更衣、储藏、盥洗等综合实用功能的活动空间。如图3-32所示。

2．客卧及保姆房

一般要求简洁大方,具备常用的生活条件,如床、衣柜及办公陈列台等。大多布置得灵活多样,适

用于不同需求。如图3-33所示。

图3-32 主卧室设计

图3-33 客卧室设计

3. 儿女卧室

儿女卧室相对主卧室而言可称为次卧室，是儿女成长与发展的私密空间，在设计上应充分照顾到儿女的年龄、性别与性格等特有的个性因素。孩子成长的不同阶段，孩子对居室空间的使用要求不同。根据年龄段不同以及使用要求的不同，儿女卧室可以分为三个阶段期：婴幼儿期（0～6岁）、童年期（7～13岁）和青少年期（14～17岁）。

（1）婴幼儿期卧室

婴幼儿期指的是0～6岁年龄段，我们可以把这段时期分为两个阶段：0～3岁期、3～6岁期。

0～3岁期的婴幼儿对空间的要求很小，可在主卧室设育婴区或单独设育婴室。单独的房间最好与照看者的房间相接近。该室内以卫生、安全为最高原则，室内可以配置婴儿床、器皿橱柜、安全椅、简单玩具和一小块游戏场所。如图3-34所示。

图3-34 婴儿期卧室

3～6岁期的幼儿属于学龄前期，他们的活动能力增强，活动内容也增多，这个时期需要一个独立的空间，需要符合身体尺寸的桌椅和衣柜等。这个时期的设计还应考虑到充分的阳光、新鲜的空气、适宜的室温要求；可布置幻想性、创造性的游戏活动区域；而房间的颜色选择上可以大胆一些，如采用对比强烈、鲜艳的颜色，可充分满足孩子的好奇心与想象力。如图3-35所示。

图3-35 幼儿期卧室

（2）童年期卧室

童年期指的是 7 ～ 13 岁的年龄段，属于小学阶段。学习和游戏是他们生活中很重要的内容，室内应具备休息、学习、游戏以及交际的功能。在有条件的情况下，可依据孩子的不同性别与兴趣特点，设立手工制作台、实验台、饲养角及用于女孩梳妆、家务工作等方面的家具设施，使他们在完善合理的环境中实现充分的自我表现与发展。他们对空间的面积和私密性的要求越来越高。这个时期的设计需考虑到儿童的学习特点，并重视游戏活动的配合，可用活泼的暗示形式，引导孩子的兴趣，启发他们的创造能力，激励他们积极进取。如图 3-36 和图 3-37 所示。

图3-36　童年期卧室（一）

图3-37　童年期卧室（二）

（3）青少年期卧室

青少年期指的是 14 ～ 17 岁的年龄段，属于中学期。这个时期的孩子具有独立的人格和独立的交往群体，他们对自己房间的安排有着独立的主见，同时他们对空间功能的需求除了休息、学习之外，还要有待客的交往空间。青少年期卧室要突出个性，可

根据年龄、性别的不同，在满足房间基本功能的基础上，留下更多更大的空间给他们自己，使他们可将自己喜爱的任何装饰物随自己喜好任意地摆放或取舍。这正是一个有心事的年龄，他们需要一个比"幼儿期"更为专业与固定的游戏平台——书桌与书架，他们既可利用它满足学习的需要，又可以利用它保存个人的隐私与小秘密。这个时期的设计需考虑到儿童身心发展快速但未真正成熟，他们纯真活泼、富于理想，热情与鲁莽兼有，且易冲动，因此学习、休闲皆需重视，以陶冶情操为重点。如图 3-38 和图 3-39 所示。

图3-38　青少年期卧室（一）

图3-39　青少年期卧室（二）

4．老人房

老人房的设计一般以实用、怀旧为主，以便最大限度地满足老人的睡眠及储物需求，"中老年期"是对睡眠要求最多的时期，经过日月的洗礼，这一阶

段的人们最重视睡眠质量,而对房间的装饰是否时尚已不再追求。他们的卧室设计应是生活的避风港与补给站。

(1)装修材料重功能:隔音、防滑、平整

有时候即使是一些声音很小的音乐,对老年人来说也是"噪音",因此老人房间的门窗所用的材料隔音效果一定要好。安装地板的时候,居室的地面应平整,不宜有高低变化,饰面材料应具有防滑的功能,切忌用光滑瓷砖,而且缝隙应平整。老人居室选择地毯较好,但局部铺设时要防止移动或卷边,以避免老年人摔倒。

(2)家具摆放要安全,减少磕碰的可能

老人的骨质钙化的程度比较高,应尽量避免直接与坚硬物体的表面频繁接触。在老人的行动范围内应留有无障碍通道,并将老人经常使用的家具集中在一个区域摆放,以方便老人使用。为了避免磕碰,方方正正见棱见角的家具应越少越好。过高的柜、低于膝的大抽屉都不宜用。老年人的床铺高低要适当,应便于上下、睡卧以及取用物品,从而不至于因稍有不慎就扭伤摔伤。

(3)夜间照明和色彩选择有讲究,应使光线明亮、柔和、素雅

随着年龄的增长,老年人夜间如厕的次数会有所增加,再加上老年人视力一般有所衰退,因此对于老人房的灯光设计特别是夜间照明,是不容忽视的。老人的视觉系统不喜欢受到过强的刺激,所以老人房间的配色以柔和淡雅的同色系过渡配置为佳,也可采用凝重沉稳的天然材质。选择家具时,注意色彩不要用过于沉闷、冷静的色彩,如灰、蓝、黑等,否则易产生抑郁的气氛,不利于老人的身心健康。老人房也不可采用过于明艳活泼的色彩,容易使人躁动不安。如图 3-40 和图 3-41 所示。

三、卧室的装饰手法

卧室的设计总体上应追求的是功能与形式的完美统一,应表现出优雅独特、简洁明快的设计风格。在卧室设计的审美上,设计师要追求时尚而不应浮

⬆ 图3-40　老人房设计(一)

⬆ 图3-41　老人房设计(二)

燥,崇尚个性而不矫揉造作,在庄重典雅之中又不乏轻松、浪漫、温馨的感觉。

在进行住宅的室内设计时,几乎每个空间都有一个"设计重心"。在卧室中的"设计重心"就是床,确定了床的位置、风格和色彩之后,卧室设计的其余部分也就随之展开。床头背景是卧室设计的一个亮点,设计时最好提前考虑到卧室的主要家具——床的造型及色调,有些需要设计床头的背景墙,而有些则不必,只要挂些饰物即可,如镜框、工艺品等。床头背景墙造型及材质应和谐统一而富于变化,如皮料细滑、壁布柔软、榉木细腻、松木返璞归真、防火板时尚现代,使其质感得以丰富展现。如图 3-42 和图 3-43 所示。

⬆ 图3-42　卧室的装饰（一）

⬆ 图3-43　卧室的装饰（二）

第四节　餐　　厅

一、餐厅的性质

餐厅是家人日常进餐并兼作欢宴亲友的活动空间。餐厅位置应靠近厨房，并位于厨房与起居室之间最为适宜，这在使用上可节约食品供应时间和顺应就座进餐的交通路线。餐厅可以是单独的房间，也可从起居室中以轻质隔断或家具分割成相对独立的用餐空间，在布设上则完全取决于各个家庭不同的生活与用餐习惯。一般对于餐厅的要求是便捷卫生、安静、舒适。除了在固定的日常用餐场所外，也可按不同时间、不同需要临时布置各式用餐场所，如阳台上、壁炉边、树荫下、庭院中无一不是别具情趣的用餐所在。餐厅设备主要是桌椅和酒柜等。现代家庭中也常常设有酒吧台，以满足都市休闲性餐饮需求。

二、餐厅的布局形式

根据餐厅的位置不同，可分为独立式餐厅、厨房中的餐厅、客厅中的餐厅三种。

1. 独立式餐厅

独立式餐厅是最为理想的。这种餐厅常见于较为宽敞的住宅，有独立的房间作为餐厅，面积上较为宽余。如图 3-44 和图 3-45 所示。

⬆ 图3-44　独立式餐厅（一）

⬆ 图3-45　独立式餐厅（二）

2. 厨房中的餐厅

厨房与餐厅同在一个空间，在功能上是先后相连贯的，即谓"厨餐合一"。厨房与餐厅合并这种布置，可使就餐时上菜快速简便，能充分利用空间，较为实用，只是需要注意不能使厨房的烹饪活动受到干扰，也不能破坏进餐的气氛。要尽量使厨房和餐厅有自然的隔断或使餐桌布置远离厨具,餐桌上方应设集中照明灯具。如图3-46所示。

图3-46 厨房中的餐厅

3．客厅中的餐厅

在客厅内设置餐厅,用餐区的位置以邻接厨房并靠近客厅最为适当,它可以同时缩短膳食供应和就座进餐的交通线路。餐厅与客厅之间通常采用各种虚隔断方法进行灵活处理,如用壁式家具作闭合式分隔;用屏风、花格作半开放式的分隔;用矮树或绿色植物作象征性的分隔;甚至不作处理。这种格局下的餐厅应与主要空间在格调上保持协调统一,并且不妨碍客厅或门厅的交通。如图3-47和图3-48所示。

图3-47 客厅中的餐厅(一)

4．餐厅的装饰方法

餐厅的家具配置应根据家庭日常进餐人数来确定,同时应考虑宴请亲友的需要。根据餐室或用餐区位的空间大小与形状以及家庭的用餐习惯,应选择适合的家具。餐厅的核心是餐台。在西方通常采用长方形或椭圆形的餐台。而我国因为中餐的方式是共食制,围绕一个中心就餐,所以多选择正方形与

图3-48 客厅中的餐厅(二)

圆形的餐桌,具有亲和力和平等感。随着餐饮中引进了西餐的某些形式,长方形的餐台也成了很多人的选择。此外,餐厅中除设置就餐桌椅外,还可设置餐具橱柜。餐室中的餐柜造型与酒具的陈设、优雅整洁的摆设也是产生赏心悦目效果的重要因素。

随着公寓房的普及,大众生活已经发生了巨大的变化,人们对就餐空间提出了专门要求。一般家庭的餐厅尺度是:宽度不小于2500mm,长度不小于3000mm,面积不小于 $6 \sim 7m^2$。餐台的长宽一般都不小于700mm,长方形餐台长度不小于1200mm,椅子长度不小于400mm。就餐时,人坐着还需要一点空。同时,就功能而言,还要求餐厅的空间敞亮一些。而在现代观念中,则更强调幽雅的环境以及气氛的营造。餐厅的功能性较为单一,因而餐厅设计须从空间界面、材质、灯光、色彩以及家具的配置等方面来营造一种适宜进餐的气氛。

第五节 厨 房

随着生活水平的提高,厨房已经密切关系到整个住宅的质量。人们越来越注重改善厨房的工作条件和卫生条件,更加讲究多功能和使用方便的设计,

而且将生活休闲的功能也要考虑在内。厨房在西方国家里，属于起居室之外人们日常生活中家人活动空间的另外一个重心，它不但是烹调食物的地方，更是家人进餐、聊天的地方，甚至可以当成孩子做功课、大人处理公事之处。今天，世界生活方式不断融合，给厨房的布局和内容也带来了更大的选择余地，也对设计造型、功能组织提出了更高的要求。理想的厨房必须同时兼顾如下要素：流程便捷、功能合理、空间紧凑、尺度科学、添加设备、简化操作、隐形收藏、取用方便、排除废气、注重卫生。

一、厨房的平面布局形式

可根据日常操作程序作为设计的基础，并建立厨房的三个工作中心，即储藏与调配中心（电冰箱）、清洗与准备中心（水槽）、烹调中心（炉灶）。厨房布局的最基本概念是"三角形工作空间"，是指利用电冰箱、水槽、炉灶之间的连线构成工作三角，即所谓工作三角法。从理论上说，该三角形的总边长越小，则人们在厨房中工作时的劳动强度和时间耗费就越小。一般认为，当工作三角的边长之和大于7000mm时，厨房就不太好用了，较适宜的数字是将边长之和控制在 3500 ～ 6000mm 之间。利用工作三角法，可形成 U 形、L 形、走廊式（双墙式）、"一"字形（单墙式）、半岛式、岛式几种常见的平面布局形式。

1．U 形厨房

U 形厨房的工作区共有两处转角，空间要求较大。如图 3-49 所示。水槽最好放在 U 形底部，并将配膳区和烹饪区分设两旁，使水槽、冰箱和炊具连成一个正三角形。U 形之间的距离以 1200 ～1500mm 为宜。

2．L 形厨房

将清洗、配膳与烹调三大工作中心依次配置于相互连接的 L 形墙壁空间。最好不要将 L 形的一侧设计得过长，以免降低工作效率，这种空间运用比较普遍、经济。如图 3-50 所示。

↑ 图3-49 U形厨房

↑ 图3-50 L形厨房

3．走廊式厨房

走廊式厨房是将工作区沿两面墙布置。在工作中心分配上，常将清洁区和配膳区安排在一起，而烹调独居一处。走廊式厨房适于狭长房间，但要避免有过大的交通量穿越工作三角，否则会感到不便。

4．"一"字形厨房

"一"字形厨房是指把所有的工作区都安排在一面墙上，通常在空间不大、走廊狭窄情况下采用。所有工作都在一条直线上完成，这样可节省空间。但应避免把"战线"搞得太长，否则易降低效率。在不妨碍通道的情况下，可安排一块能伸缩调整或可折叠的面板，以备不时之需。如图 3-51 所示。

5．半岛式厨房

半岛式厨房与 U 形厨房类似，烹调中心常常布置在半岛上，而且一般是用半岛把厨房与餐室或家庭活动室相连接。

↑ 图3-51 "一"字形厨房

6. 岛式厨房

岛式厨房是将厨台独立为岛型,是一款新颖而别致的设计,可以灵活运用于早餐、熨衣服、插花、调酒等方面。这个"岛"充当了厨房里几个不同部分的分隔物,同时从所有各边都可就近使用它。如图3-52所示。

↑ 图3-52 岛式厨房

二、厨房设计的要点

1. 人体工程尺度

人体工程尺度主要是指操作台高度和吊柜高度的确定,要适合使用者。操作台面高度以800mm为宜。在厨房里干活时,操作平台的高度对防止疲劳和灵活转身起到决定性作用。当使用者长久地屈体向前20°时,腰部会承担极大负荷,长此以往腰疼

也就伴随而来,所以,一定要依身高来决定平台的高度。如果空间允许,应考虑能坐着干活,这样能使脊椎得以放松。厨房里的矮柜最好做成推拉式抽屉,以方便取放,这样视觉也较好,但不要设置在柜子角落里。低柜下要留出能伸入半只脚的深度和踢脚凹槽,使操作者有舒适感,同时能有效地防止低柜的木质受潮弄脏。而吊柜一般做成300～400mm宽的多层格子,柜门可做成对开,或者做成折叠拉门形式。另外,厨房门开启与冰箱门开启不要冲突,厨房窗户的开启与洗涤池龙头不要冲撞。

2. 操作流程

厨房布局设计应按"储藏—洗涤—配菜—烹饪"的操作流程,否则势必增加操作距离,降低操作效率。

3. 采光通风

阳光的射入使厨房舒爽又节约能源,更会令人心情开朗。但要避免阳光的直射,防止室内储藏的粮食、干货、调味品因受光热而变质。另外,厨房必须通风。但在灶台上方切不可有窗,否则燃气灶具的火焰受风影响可能不稳定,甚至会被大风吹灭以致造成意外。

4. 高效排污

厨房是个容易藏污纳垢的地方,应尽量使其不要有夹缝。例如,吊柜与天花之间的夹缝就应尽力避免,因天花容易凝聚水蒸气或油烟渍,柜顶又易积尘垢,这样的夹缝日后就会成为日常保洁的难点。水池下边管道缝隙也不易保洁,应用门封上,里边还可利用起来放垃圾桶或其他杂物。厨房里垃圾量较大,气味也大,易于放在方便倾倒又隐蔽的地方,比如可以在洗涤池下的矮柜门上设一个垃圾桶或者推拉式的垃圾抽屉。垃圾桶的位置在厨房设计中往往被忽略,一般是随意放在角落中,甚至是在排满漂亮的橱柜的厨房中没有藏身之地。有些橱柜设计师将垃圾桶设计在橱柜内,但实际使用当中存在很多缺点。首先是容易造成遗忘,生腥垃圾在柜内存放时

间长且不通风,会产生异味,因此极不卫生。同时操作中要频繁开启柜门,易弄脏柜子,打扫起来也很不方便。

很多家庭都为生腥垃圾的处理感到头疼,因其最容易腐败发臭。日本在这方面的做法值得借鉴。在日本,生腥垃圾首先放在水池角部的专用沥水筐中,尔后将沥过水的垃圾用没有破损的塑料袋扎紧,便可以和其他垃圾一起分类扔到垃圾桶中去。

5. 电器设备

电器设备应考虑嵌入在橱柜中,可把烤箱、微波炉、洗碗机等布置在橱柜中的适当位置,以方便开启和使用。如吊柜与操作平台之间的间隙一般可以利用起来,这样易于放取一些烹饪中所需的用具,有的还可以做成简易的卷帘门,这样会避免小电器落灰尘,如食品加工机、烤面包机等。冰箱的位置不宜靠近灶台,因为后者经常产生热量而且又是污染源,影响冰箱内的温度。冰箱也不宜太接近洗菜池,避免因溅出来的水导致冰箱漏电。另外,每个工作中心都应设有电插座。

6. 安全防护

地面不宜选择抛光瓷砖,宜用防滑、易于清洗的陶瓷块材地面;要注意防水防漏,厨房地面要低于餐厅地面,应做好防水防潮处理,避免渗漏而造成烦恼等。厨房的顶面、墙面宜选用防火、抗热、易于清洗的材料,如釉面瓷砖墙面、铝板吊顶等。同时,严禁移动煤气表,煤气管道也不得做暗管,同时应考虑抄表方便。另外,厨房里许多地方要考虑到能防止孩子发生危险。如炉台上设置必要的护栏来防止锅碗落下;各种洗涤制品应放在矮柜下(洗涤池)专门的柜子里;尖刀等器具应摆在较为安全的抽屉里。

7. 材料设计

橱柜的门面就是柜门和台面。目前柜门主要有实木型、防火板型、吸塑型、烤漆型等。

(1)实木型。一般在实木表面做凹凸造型,外喷漆。实木整体橱柜的价格较昂贵,多为怀旧古典风格、乡村风格,是橱柜中的高档品。如图 3-53 所示。

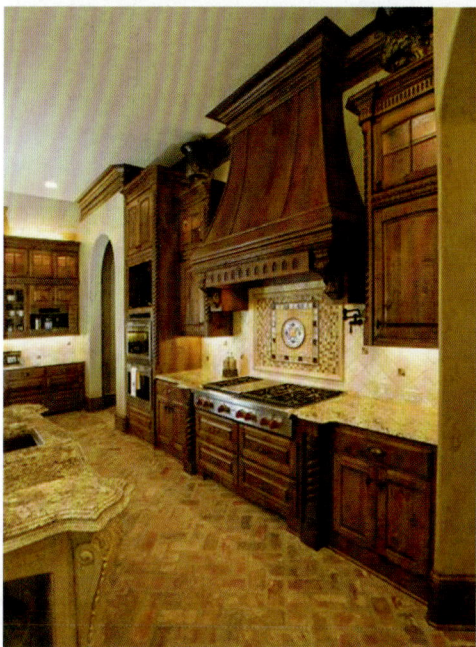

⬆ 图3-53 实木型柜门

(2)防火板型。这是最主流的用材,它的基材为刨花板或密度板,表面饰以特殊材料,色彩鲜艳多样,防火、防潮、耐污、耐酸碱、耐高温、易清理,价格便宜。如图 3-54 所示。

⬆ 图3-54 防火板型柜门

(3)吸塑型。基材为密度板、表面经真空吸塑而成或采用一次无缝 PVC 膜压成型工艺。如图 3-55 所示。

(4)烤漆型。基材为密度板,烤漆面板表面非常华丽、反光性高,像汽车的金属漆,怕磕碰和划痕,价格较贵。如图 3-56 所示。

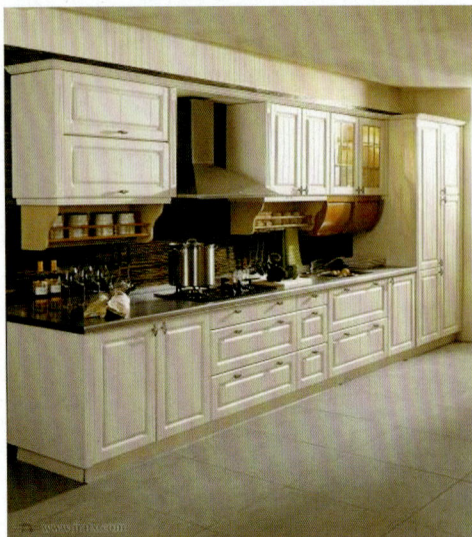

⬆ 图3-55　吸塑型柜门

⬆ 图3-57　人造石台面

⬆ 图3-56　烤漆型柜门

⬆ 图3-58　不锈钢台面

（5）人造石台面。人造石台面的主要特点就是绚丽多彩，表面无毛细孔，具有极强的耐污、耐酸、耐腐蚀、耐磨损性能，易清洁，极具可塑性，可以无缝连接，线条浑圆，可设计制作各类造型。如图 3-57 所示。

（6）不锈钢台面。坚固耐用，也较易清理，但往往给人较冷的感觉。如图 3-58 所示。

（7）金属篮。橱柜中的金属篮可用来收纳厨房中的零散杂物。不锈钢材质的储物篮隐藏在橱柜中，把空间有序地分割开，使用时会得心应手。例如，放调味品的篮子可以放在灶台两侧的操作台下。最富有创意、最科学的设计是转角篮，它能充分利用橱柜的死角发掘空间。通体篮是最高的收纳篮子，它和橱柜一般高，可以储存各种各样的食品与物品。如图 3-59 所示。

⬆ 图3-59　金属篮

第六节　书　　房

书房是提供阅读、书写、工作和密谈的空间，其功能较为单一，但对环境的要求较高。书房的设置首先要安静,其次要考虑到朝向、采光、景观、私密性等多项要求。书房多设在采光充足的南向、东南向或西南向,要有良好的光线和视觉环境,使主人能保持轻松愉快的心态。

一、书房的布局

书房的布置形式与使用者的职业有关,不同职业工作的方式和习惯差异很大,应具体问题具体分析。无论是什么样的规格和形式,书房都可以划分出工作区域、阅读藏书区域两大部分,其中工作和阅读应是空间的主体,应在位置、采光上给予重点处理,另外与藏书区域联系要方便。

书房的家具设施归纳起来有如下几类。

书籍陈列类:包括书架、文件柜、博古架、保险柜等;其尺寸以大小适宜及使用方便为参照来设计选择。

阅读工作台面类:包括写字台、操作台、绘画工作台、电脑桌、工作椅。

附属设施:包括休闲椅、茶几、文件粉碎机、音响、工作台灯、笔架、电脑等。

书房是一个工作空间,但绝不等同于一般的办公室,它要和整个家居的气氛相和谐,同时又要巧妙地应用色彩、材质变化以及绿化等手段来创造出一个宁静温馨的工作环境。在家具布置上它不必像办公室那样整齐干净,以表露工作作风之干练,而要根据使用者的工作习惯来布置摆设家具、设施甚至艺术品,以体现主人的爱好,应富有情趣和个性。

二、书房设计的要点

1. 照明采光

作为主人读书写字的场所,对于照明和采光要求很高,因为人眼在过于强和弱的光线中工作,都会对视力产生很大的影响。所以写字台最好放在阳光充足但不直射的窗边,这样在工作疲倦时还可向窗远眺一下以让眼睛休息。书房内一定要设有台灯和书柜用射灯,便于主人阅读和查找书籍。但注意台

灯要光线均匀地照射在读书写字的地方,不宜离人太近,以免强光刺眼。如图3-60和图3-61所示。

图3-60　书房的照明和采光（一）

图3-61　书房的照明和采光（二）

2. 隔音效果

"静"对于书房来讲是十分必要的,因为人在嘈杂的环境中工作效率要比安静环境中低得多。所以在装修书房时要选用那些隔音、吸音效果好的材料。如天棚可采用吸音石膏板吊顶,墙壁可采用PVC吸音板或软包装饰布等装饰,地面可采用吸音

效果佳的地毯,窗帘要选择较厚的材料,以阻隔窗外的噪音。

3．内部摆设

书房设计要尽可能地"雅"。要把情趣充分融入书房的装饰中,一件艺术收藏品、几幅主人钟爱的绘画或照片、几个古朴简单的工艺品,都可以为书房增添几分淡雅、几分清新。如图3-62所示。

↑ 图3-62　书房内部的摆设

4．色彩柔和

书房的色彩既不要过于耀目,又不宜过于昏暗,而应当取柔和色调的色彩装饰。在书房内养植两盆诸如万年青、君子兰、文竹、吊兰之类的植物,则更赏心悦目。淡绿、浅棕、米白等柔和色调的色彩较为适合。但若从事需要刺激而产生创意的工作,那么不妨让鲜艳的色彩引发灵感。如图3-63所示。

↑ 图3-63　书房的色彩设计

5．通风

书房内的电子设备越来越多,如果房间内密不透风,机器散热后会令空气变得污浊,影响身体健康,所以应保证书房的空气对流畅顺,有利于机器散热。

三、现代化书房

在传统观念中,书房应该是个墨香飘飘的清静空间,坐在这里可以品茗看书,赏画远眺,修身养性。办公用品的现代化与网络技术的发达为书房提供了新的理念,即自由职业者的理想工作室、电脑迷的网络新空间、老板们的决策和会晤场所。现代化的书房,已开始从原来休息、思考、阅读、工作的场所,拓展成包括会谈及展示在内的综合场所。如图3-64所示。

↑ 图3-64　现代化书房

1．个人工作室

与充满商机的办公室相比,个人工作室显得更加放松、简洁、随意,其最大的特点就是能充分发挥办公自动化的灵活性。在有限的空间内,将计算机、打印机、复印机、传真机等办公设备进行合理的布局,并进行巧妙摆放,以方便自己藏书、办公、阅读等兴趣爱好。对于积累资料较多的人来说,多功能的暗格、活动拉板十分实用,应该充分利用各个角落和空当,在里面安置分门别类的书籍与资料,工作的时候就可以信手拈来了。

对于居住条件比较紧张的人来说,即使没有单独的书房,通过餐厅或小客厅来附加添置,也会有

"随遇而安"的不俗表现。比如，利用餐厅一隅，巧妙地添置一个"书房角"，在白色的小书架上，放几本书、一台电脑、一部电话，实用中透出主人的情趣和品位。再如有一个小会客厅，经过矮书柜隔断，一边是半包围的书斋，一边是敞开式的待客雅座，隔柜上摆放一两个绿色植物，也不失高雅。

2．商务会客室

对于一个交游广、商务活动频繁的现代人来说，在家里碰到接待商业客人的事情并不少见。一个敞亮的书房，便是高级的谈话空间，在这种颇有现代味道的宽敞书房中，真正办公的区域其实只占房间的一角。大面积的书柜，作为书房传统的风景，应选用浅木色的。如果是追求现代意识，应该多采用玻璃、金属的组合制品。这样的书房，墙上的装饰要精美一些，书画的布置也应精美而高级。在书架上，书籍大都是精装的，也有信手放杂志。喜欢轰轰烈烈生活的人，应该在书房里放上红色沙发和锥形装饰台，并恰到好处地点缀绿色植物，为每个走进书房的客人提升一种想和你愉快合作的欲望。值得注意的是，拥有这类书房的人，必须拥有两个会客的位置，一个是两把椅子相对而放，显示出主人居高临下、统揽全局的指挥意识，给人一种心理上的压力；另一个是两把便椅中搭个玻璃小台，台上可放个烟灰缸与两杯茶，两人平起平坐，随和地进行商务谈话，显得亲切许多。

第七节　卫　浴　间

一个标准的卫浴间的卫生设备一般由三大部分组成：洗脸设施、便器设施、淋浴设施。这三大设施布局应按从低到高的基本原则进行布置，即从浴室门口开始，最理想的是洗手台向着卫浴间的门口，座厕紧靠其侧，把淋浴间设置在最内端。

卫浴间最好能做到"干湿分离"，也就是合理地把洗浴和座厕分离，使两者互不干扰。"干湿分离"的方法很多，可以选择淋浴房；对于安装了浴缸或淋浴的卫浴间，可以采取玻璃隔断或者玻璃推拉门来分离。

卫浴间的装修应以舒适、防水、防潮以及地面防滑为主，饰面材料及卫生洁具等选择无碍健康为准则，质地色彩要给人光洁且柔和的感觉。如图3-65和图3-66所示。

↑ 图3-65　卫浴间设计（一）

↑ 图3-66　卫浴间设计（二）

随着卫生设备业的发展，加速了卫浴间的大型化、多功能化、智能化的进程，卫浴间的面积越来越大，可以边洗浴、边看电视、听音乐，甚至还可以健身等。

一、卫浴间的布局形式

住宅卫浴间的平面布局与经济条件、文化和生活习惯、家庭人员构成、设备大小和形式有很大关系。如图 3-67 和图 3-68 所示。归结起来可分为独立型、兼用型和折中型三种形式。

图3-67　卫浴间布局形式（一）

图3-68　卫浴间布局形式（二）

1．独立型

卫生空间中的浴室、厕所、洗脸间等各自独立的场合，称之为独立型。独立型的优点是各室可以同时使用，特别是在使用高峰期可减少互相干扰，各室功能明确，使用起来方便、舒适；缺点是空间占用多，建造成本高，适合于多居室以上住宅。独立型的另一个概念是三卫概念。

（1）水卫：是指公共部分以洗涤功能为主的开放型空间，涵盖拖把池、洗手池及洗衣功能的要求，直接与室内的其他空间连接，无须做门，可增加隔断。

（2）厕卫：是指居室中的公卫（即客卫）的概念，可增加小便斗、蹲便器、手纸架、洗手盆、淋浴器及浴镜、通风器、烘干器等。主要功能是如厕为主兼洗浴。

（3）浴卫：是指居室中以主卧附设的卫生间，它更具备私密性、休闲、保健和理疗功能，主要可设置坐便器、妇洗器、按摩浴缸、洗手池等，条件允许可设置桑拿房，甚至增加景观设计如落地玻璃、平板电视或留有观景天窗等。

2．兼用型

把浴盆、洗脸池、便器等洁具集中在一个空间，称之为兼用型。兼用型的优点是节省空间、经济、管线布置简单等；缺点是一人占用卫浴间时，影响其他人使用，此外，面积较小时储藏等空间很难设置，不适合人口多的家庭。兼用型中一般不适合放入洗衣机，因为入浴等湿气会影响洗衣机的寿命。

3．折中型

卫生空间中的基本设备合并为一室的情况称之为折中型。折中型的优点是相对节省一些空间，组合比较自由；缺点是部分卫生设备于一室时，仍有互相干扰的现象。

4．其他布局形式

除了上述的几种基本布局形式以外，卫浴间还有许多更加灵活的布局形式，这主要是因为现代人给卫浴间注入了新的概念，增加了许多新要求。例如现代人崇尚与自然接近，把阳光和绿意引进浴室，以获得沐浴、盥洗时的愉快心情；现代人更加注重身体保健，把桑拿浴、体育设施设备等引进卫浴间；或布置色彩鲜艳的艺术画，在浴室内设置电视与音响设备，使人在沐浴的同时得到优雅的艺术享受。

二、卫浴间的基本尺寸

一般来说，卫生空间在最大尺寸方面没有什么特殊的规定，但是太大会造成资源浪费，也是不可取的。卫生空间在最小尺寸方面有一定的规定，即在这一尺寸之下一般人使用起来就会感到不舒服或设备安装不下。

独立厕所空间的最小尺寸是由便器的尺寸加上人体活动必要尺寸来决定的，一般坐便器加水箱的长度在 745～800mm 之间，若水箱做在角部，整体长度能缩小到 710mm。坐便器的前端到前方门或墙的距离，应保证在 500～1000mm 左右，以便站起、坐下、转身等动作能比较自如，左右两肘撑开的宽度为 760mm，因此坐便器厕所的最小净面积尺寸应保证大于或等于 800mm×1200mm。

独立浴室的尺寸跟浴盆的大小有很大的关系，此外要考虑人穿脱衣服、擦拭身体的动作空间及内开门占去的空间。小型浴盆的浴室尺寸为 1200mm×1650mm，中型浴盆的浴室为 1650mm×1650mm 等。

单独淋浴室的尺寸应考虑人体在里面活动转身的空间和喷头射角的关系，一般尺寸为 900mm×1100mm、800mm×1200mm 等。小型的淋浴盒子间净面积可以小至 800mm×800mm。没有条件设浴盆时，淋浴池加便器的卫生空间也很实用。

独立洗脸间的尺寸除了考虑洗脸化妆台的大小和弯腰洗漱等动作以外，还要考虑卫生化妆用品的储存空间。由于现代生活的多样化，化妆和装饰用品等与日俱增，必须注意留有充分的余地。此外洗脸间还多数兼有更衣和洗衣的功能，及兼作浴室的前室，设计时空间尺寸应略扩大些。

典型三洁具卫浴间，即是把浴盆、便器、洗脸池这三件基本洁具合放在一个空间中的卫浴间。由于把三件洁具紧凑布置充分利用共用面积，一般空间面积比较小，常用面积在 3～4m² 左右。近些年来因大家庭的分化和 2～3 口人的核心家庭的普遍化，一般的公寓和单身宿舍开始采用工厂预制的小型装配式盒子间。这种卫浴间模仿旅馆的卫浴间设计，把三洁具布置得更为合理紧凑，在面积上也大为缩小。最小的平面尺寸可以做到 1400mm×1000mm，中型的为 1200mm×1600mm、1400mm×1800mm，较宽敞的为 1600mm×2000mm、1800mm×2000mm 等。

三、卫浴间装饰手法

1. 装修设计

装修设计即通过围合空间的界面处理来体现格调，如地面的拼花、墙面的划分、材质对比、洗手台面的处理、镜面和边框的做法以及各类储存柜的设计。装修设计应考虑所选洁具的形状、风格对其的影响，应相互协调，同时在做法上要精细，尤其是装修与洁具相互衔接部位上，如浴缸的收口及侧壁的处理，洗手化妆台面与面盆的衔接方式，精细巧妙的做法能反映卫浴间的品格。如图3-69和图3-70所示。

✤ 图3-69 卫浴间设计（一）

图3-70　卫浴间设计（二）

2．照明方式

经过吊顶处理后，顶棚光源距离人的视平线相对近了一些。因此要采取一定的措施，使之光线照度适宜，没有眩光直刺入目。如一些灯的罩片，可以用喷砂玻璃，也可以用印花玻璃，以及有机玻璃灯光片等，能产生良好的散射光线为佳。卫浴间虽小，但光源的设置却很丰富，往往有两种到三种色光及照明方式综合作用，可形成不同的气氛，起着不同的作用。卫生间的照明设计一般由两个部分组成：一部分是净身空间部分；另一部分是脸部整理部分。

第一部分包括淋浴空间和浴盆、座厕等空间，是以柔和的光线为主。光亮度要求不高，只要光线均匀即可。光源本身还要有防水功能、散热功能和不易积水的结构。一般光源设计在天花和墙壁上。

第二部分是脸部整理部分。由于有化妆功能要求，对光源的显色指数有较高的要求，一般只能是白炽灯或显色性能较好的高档光源，对照度和光线角度要求也较高，最好是在化妆镜的两边，其次是顶部。一般相当于60W以上的白炽灯亮度即可。

此外，还应该有部分背景光源，可放在镜柜内和部分地坪内以增加气氛。其中地坪下的光源要注意防水要求。

3．色彩

卫生间大多采用低彩度、高明度的色彩组合来衬托干净爽快的气氛，色彩运用上以卫浴设施为主色调，墙地色彩应保持一致，这样使整个卫生间有种

和谐统一感。材质的变化要利于清洁及考虑防水，如石材、面砖、防火板等。在标准较高的场所也可以使用木质，如枫木、樱桃木、花樟等。还可以通过艺术品和绿化的配合来点缀，以丰富卫浴间色彩的变化。

四、卫生间设计细节

（1）天棚：因为卫浴间的水汽较重，所以，要选择那些具有防水、防腐、防锈特点的材料。

（2）地面：在铺地砖之前，务必做好防水；在瓷砖铺设之后，要保证砖面有一个泄水坡度，一般以1%左右为宜，坡度朝向地漏；地面必须做闭水实验，时间至少要保证24小时；铺设地砖时要注意与墙砖通缝、对齐，保证整个卫浴间的整体感，以免在视觉上产生杂乱的印象。

（3）墙面：墙面的瓷砖也要做好防潮防水，而且贴瓷砖时要保证平整，并要与地砖通缝、对齐，以保证墙面与地面的整体感；若遇到给水管路出口，瓷砖的切口要小、适当，以方便给水器上的法兰罩盖住切口，使得外观完美。

（4）门窗：卫浴间最好有窗户，以利通风；如果没有窗，尤其要注意门的细节。为防止卫浴间的水向外溢，门界要稍高于卫浴间内侧；卫浴间的门与地面的空隙要留得大一点，以利于回风；如果是推拉门，还要在推拉门与卫浴地砖之间做一层防水。

（5）电路铺设：卫浴间的电线接头处必须挂锡，并要缠上防水胶布和绝缘胶布，以保证安全；电线体必须套上阻燃管；所有开关和插座必须有防潮盒，而且位置也要视电器的尺寸与位置而定，以保证使用的方便合理。

（6）水路改造：卫浴间的给排水线路最好不要做太大改动，如果要改动，应根据具体情况而定。

（7）洁具安装：最好在装修之前把下水孔距记好，按尺寸选好浴缸、浴房、坐便器、洗手盆等洁具，以免在装修时尺寸不合适；坐便器的安装要先用坐便泥密封好，再用膨胀螺丝或玻璃胶固定，这样，在坐便器发生阻塞时便于修理。

（8）通风换气：卫浴间必须有排风扇，而且排

风扇必须安有逆行闸门,以防止污浊空气倒流。

(9)绿化:增添生气。卫生间不应该成为被绿色遗忘的角落。装修时可以选择些耐阴、喜湿的盆栽放置在卫生间里,使这里多几分生气。

第八节 走廊楼梯

一、公共走道的设计

走道在住宅的空间构成中属于交通空间,起联系和使用空间的作用。走道是空间与空间水平方向的联系方式,它是组织空间秩序的有效手段。走道在空间变化中具有引导性和暗示性,增强了空间的层次感。如图 3-71 和图 3-72 所示。

🔶 图3-72 公共走道的设计(二)

1.走道的形式

走道依据空间水平方向的组织方式,在形式上大致分为"一"字形、L 形和 T 形。性质上大致分为外廊、单侧廊和中间廊。不同的走道形式在空间中起着不同的作用,也产生了迥然不同的空间特点。如"一"字形走廊方向感强、简洁、直接。L 形走廊迂回、含蓄,富于变化,往往可以加强空间的私密性。T 形走廊是空间之间多向联系的方式,它较为通透,而两段走廊相交之处往往是设计师大做文章的地方,如果处理得当,将形成一个视觉上的景观变化处,从而有效地打破走廊的沉闷、封闭之感。

2.走道的装饰方法

走廊由顶面、地面、墙面组成,其中很少有固定或活动的家具,因而所有的变化都集中于几个界面的处理上。

(1)顶面

在住宅中走道的吊顶标高往往较其他空间矮一些。顶面的形式也较为简单,仅仅做照明灯具的排列布置,不再做过多的变化以避免累赘。由于走道没有特殊的照度要求,因而它的照明方式常常是筒灯或槽灯,甚至完全依靠壁灯来完成照明。走道的灯具排布要充分考虑到光影形成的富有韵律的变化,以及墙面艺术品的照明要求,要有效地利用光来消除走道的沉闷气氛,从而创造生动的视觉效果。如图 3-73 所示。

🔶 图3-71 公共走道的设计(一)

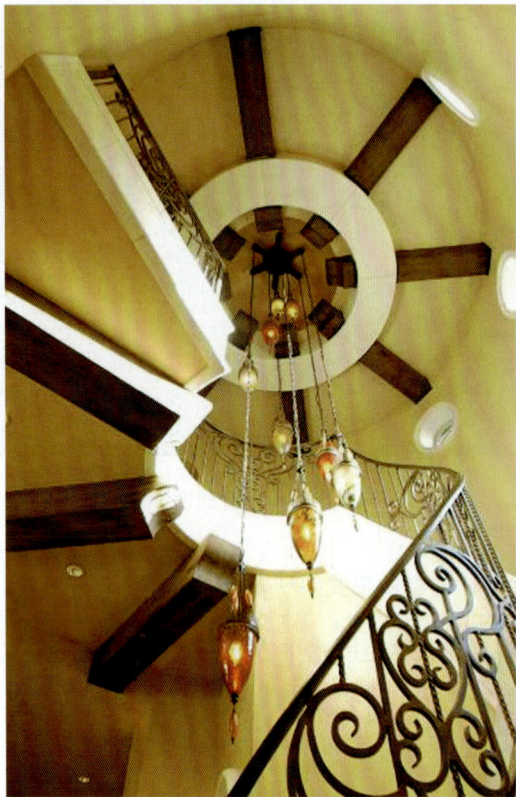

图3-73　走廊顶的设计

（2）地面

在住宅的所有空间中，走道是唯一没有家具的空间，所以它的地面几乎百分之百地暴露。当走廊选用不同的材料时，它的图案变化也就最为完整，因此选择图案或创造拼花时应注意它的视觉完整性和轴对称性，同时图案本身以及色彩也不宜过分夸张。因为走道毕竟处于从属地位，处理不当就会造成喧宾夺主的结果。另外，走廊地面选材时还应注意声学上的要求，由于走道连接公共与私密空间，所以在选材时一定要考虑到人的活动声响对空间私密性的破坏。如图3-74所示。

（3）墙面

走道空间的主角是墙面，墙面符合人的视觉观赏上的生理要求，可以做较多的装饰和变化。走道越宽，人就有足够的视觉距离，对装饰细节也就愈加关注。走道的装饰有两方面的含义：一方面是装修本身，即对界面的包装修饰，包括墙面的划分，材质对比，照明形式变化，踢脚线、阴角线的选择以及各空间与走廊相连接的门洞和门扇的处理等。另一方

面是脱离于装修和固定的艺术陈设，如字画、装饰艺术品、壁毯等种类繁多的艺术形式。如图3-75所示。

图3-74　走廊地面设计

图3-75　走廊墙面设计

（4）房门

在走道空间的墙面大多有门的存在，门的处理就成为影响整个空间品质的重要因素。门的处理主要包含以下几个方面：门的材质与墙面材质的对比，门的样式与整个空间形式的协调以及锁具的选择等，这些都将影响到门的视觉效果乃至整个空间的效果。门的形式选择上也要兼顾实用和美观两大原则。一般来讲，卧室属私密性空间，需要采用封闭性的门，而厨房、卫浴间则可以采用半通透的门，这样的设计手段对空间的延伸和丰富有着积极的作用。

二、楼梯的设计

楼梯是空间之间垂直的交通枢纽，是住宅中垂直方向上相联系的重要手段。楼梯在住宅中能很严格地将公共空间和私密性空间隔离开来。楼梯的位置明显但不宜突出，在多数商品住宅中楼梯的位置往往沿墙设置和拐角设置以免浪费空间，但在有些高标准的豪华住宅中楼梯的设置就不再那么拘谨，往往位置显赫以充分表现楼梯的美丽，这时楼梯也成为一种表现住宅气势的有效手段，成为住宅空间中最重要的构图因素。如图 3-76 和图 3-77 所示。

图3-76　楼梯的设计（一）

图3-77　楼梯的设计（一）

1. 楼梯的形态

楼梯按材质可分为木楼梯、混凝土楼梯、金属楼梯、砖砌楼梯等。由于材料不同，各种楼梯的施工方法和性能也不同。木楼梯制作方便，款式多样，但是耐久性稍差，走动时容易发出声响。通常用于行走不多或制作简便的场合；混凝土楼梯具有坚固耐用、安全性好的特点，走动不会有响声，缺点是浇筑工序复杂，湿作业多，工期长；金属楼梯结构轻便，造型美观，施工方便，只是维护保养麻烦；砖砌楼梯具有经济耐用的特点，但造型刻板，没能有效地利用空间。

楼梯按形式分为单路式、拐角式、回径式和旋转式几种。

单路式：这种楼梯气势大，方向感强，应用于标准较高的户型之中，楼层的联系感较强，如图 3-78 所示。

拐角式：这种楼梯沿墙布置较多，优点是节约空间，有一定的引导性，楼梯的侧向常常可以利用起来形成储藏空间，如图 3-79 所示。

图3-78　单路式楼梯

图3-80　回径式楼梯

图3-79　拐角式楼梯

图3-81　旋转式楼梯

回径式：也叫两跑梯，这种梯应用广泛、普及，它节约空间，与其他空间的关系易于衔接，比较隐蔽，易于强化楼上空间的私密性，如图3-80所示。

旋转式：造型生动，富于变化，能够节约空间，它常常成为空间中的景观构图。它的材料可以是混凝土、钢材，甚至是有机玻璃的。现代的材料更宜于表现旋转梯的流动、轻盈的特点。如图3-81所示。

2．楼梯的尺度

楼梯设计时，首先计算楼梯的级数及每级踏步的宽度、长度和高度。通常踏步的高度在150～180mm之间，宽度不小于250mm，长度不小于

850mm。另外，还要留心楼梯上方梁的位置，避免上下楼时碰头。

3．楼梯的装饰手段

楼梯由踏步、栏杆和扶手组成。三部分用不同的材料、以不同的造型解决了不同的功能。

（1）踏步

踏步用较坚硬耐磨的材料、合理的尺度搭配、巧妙的质感变化满足了使用者舒适、防滑以及使用年限等多方面的要求。踏步解决了楼梯的主要使用功能，是楼梯的主题。踏步的形态单一，变化主要依据不同

使用材料时的细部处理来体现其精巧,如板材之间的搭接。踏步的材料主要有石材、木材及地毯,三种材料在做法上都有自己独特的要求。另外当踏步材料和上、下层公共部分用材不同时,应当注意收口部位的处理,避免生硬和简陋之感。如图 3-82 所示。

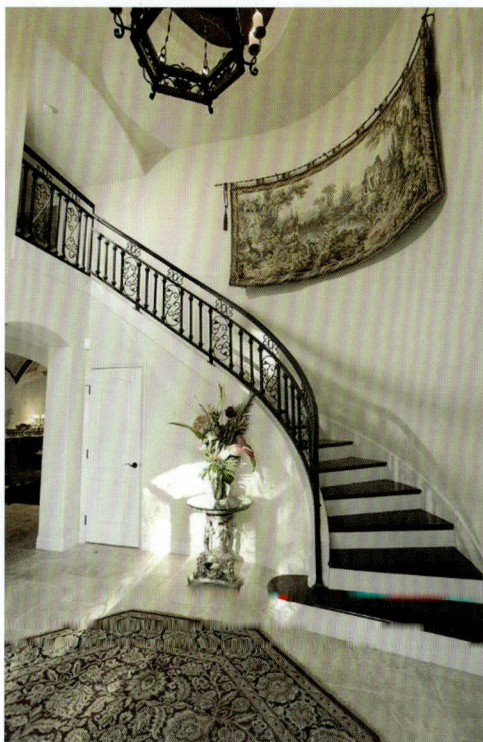

🔶 图3-82 楼梯踏步的设计

（2）栏杆

栏杆在楼梯中的作用是围护,因而栏杆在高度和密度上都有一定的要求,如高度通常在 900mm 以上,密度要保证 3 岁左右的儿童摔倒时不至于掉出楼梯以外。同时在强度上栏杆也应能承担一定的冲力和拉力,要能承受成年人摔倒时的惯性和老年人、病人的拉力。所以楼梯栏杆的材料常用铸铁、木栏杆或较厚的（10mm 以上）玻璃栏板来构成。楼梯的栏杆对楼梯的样式起着至关重要的装饰作用。如图 3-83 所示。

（3）扶手

扶手位于楼梯的栏杆的上部,它和人手相接触,把人的上部躯干的力量传递到踏步上。对老人、儿童,它则是得力的帮手,对装饰来讲,它有如画龙点睛般的重要作用。在尺度上既要符合人体工程学的要求,

又要兼顾造型上的比例。在材质上要顺应人的触觉要求,要质地柔软、舒适,富于人情味。扶手断面的形式千变万化,根据不同的格调,我们可以自由地选择简洁的、丰富的、古典的或现代的。但要特别注意转弯和收头处的处理,这些地方往往是楼梯最精彩和最富表现力的部位。它往往结合雕塑、灯柱等造型来共同营造生动变化的视觉效果。如图 3-84 所示。

🔶 图3-83 楼梯栏杆的设计

🔶 图3-84 楼梯扶手的设计

第四章
室内装饰材料、施工工艺及预算

第一节　室内装饰材料

　　室内装饰材料是指用于建筑物内部墙面、天棚、柱面、地面等的罩面材料。严格地说,应当称为室内建筑装饰材料。现代室内装饰材料不仅能改善室内的艺术环境,使人们得到美的享受,同时还兼有隔热、防潮、防火、吸声、隔音等多种功能,起着保护建筑物主体结构,延长其使用寿命以及满足某些特殊要求的作用,是现代建筑装饰不可缺少的一类材料,也是现代居室室内设计的重要组成部分。

一、板材

1．细木工板

　　细木工板又称大芯板或木芯板。从结构上看它是在板心两面贴合单板构成,板心则是由木条拼接而成的实木板材。中间木板是由优质天然的木方经热处理,即烘干室烘干以后,加工成一定规格的木条,由拼板机拼接而成。拼接后的木板两面各覆盖两层优质单板,再经冷、热压机胶压后制成。与刨花板,密度板相比,其天然木材特性更顺应了人们的要求。它具有质轻、易加工、握钉力好、不变形等优点,是室内装修和高档家具制作的理想材料。细木工板的规格为 2400mm×1200mm,厚度有 12mm、15mm、18mm 几种,常用于家居门窗、家具、窗帘盒、隔墙及基层骨架制作等。如图 4-1 和图 4-2 所示。

⊕ 图4-1　细木工板（一）

⊕ 图4-2　细木工板（二）

2．胶合板

　　胶合板是由木段旋切成单板或木方刨成薄木,再用胶黏剂胶合而成三层或三层以上的板状材料,常根据合成情况分为三夹板、五夹板、七夹板、九夹板等,常用于木质制品的背板、底板等。由于厚薄尺度多样,质地柔韧,易弯曲,也可以配合细木工板用于结构细腻处弥补大芯板厚度的缺陷。如图4-3和图4-4所示。

图4-3　胶合板

图4-4　松木胶合板

3. 薄膜饰面板

薄膜饰面板也称为装饰饰面板，是胶合板的一种，利用珍贵木材，如榉木、胡桃木等通过精密刨切割成厚度为 0.2 ~ 0.5mm 的微薄木片，再以胶合板为基层，加工而成。常用的国产树种有水曲柳、榉木、椴木、樟木等，进口的有柚木、花梨木、枫木、榉木、橡木等。如图 4-5 和图 4-6 所示。

图4-5　饰面板

图4-6　饰面板橱柜

4. 纤维板

纤维板又称密度板，是以木质纤维或其他植物素纤维为原料，施加脲醛树脂或其他适用的胶黏剂制成的人造板。纤维板具有材质均匀、纵横强度差小、不易开裂等优点，用途广泛。制造 1m³ 纤维板约需 2.5 ~ 3m³ 的木材，可代替 3m³ 锯材或 5m³ 原木。

纤维板的缺点是背面有网纹，造成板材两面表面积不等，吸湿后因产生膨胀力差异而使板材翘曲变形；硬质板材表面坚硬，钉钉困难，耐水性差。干法制造的纤维板虽然避免了某些缺点，但成本较高。如图 4-7 所示。

图4-7　高密度纤维板

5. 刨花板

刨花板是利用木材或木材加工剩余物作为原料，加工成刨花或碎料，再加入一定的胶黏剂，在一定温度和压力下制作而成的一种人造板材,由于其整体较为松软,握钉力不强,因此一般不宜作为家具底衬,也不能用以制作门窗套。如图4-8和图4-9所示。

图4-8　刨花板

图4-9　素面刨花板

6. 防火板

防火板又称耐火板,是表面装饰用耐火建材,有丰富的表面色彩及纹路,具有防火、防潮、耐磨、耐酸碱、耐冲击以及易保养等优点,广泛用于室内装饰、家具、橱柜、实验室台面等。如图4-10和图4-11所示。

7. 铝塑板

铝塑板常见规格为1220mm×2440mm,颜色丰富,施工方法便捷,防火性绝佳,是室内吊顶、包管的上好材料,很多大楼的外墙和门脸亦常用此材料。铝塑板分为单面和双面,由铝层与塑层组成,单面较柔软,双面较硬挺,家庭装修常用双面铝塑板。如图4-12所示。

图4-10　防火板

图4-11　防火板应用实例

图4-12　铝塑板

8. 塑料扣板

PVC 塑料扣板以 PVC 为原料,重量轻、安装简便、防水、防蛀虫,表面的花色图案变化也非常多,并且耐污染、好清洗,有隔音、隔热的良好性能,特别是新工艺中加入阻燃材料,使其能够离火即灭,使用更为安全。它成本低、装饰效果好,因此在家庭装修吊顶材料中占有重要位置,成为卫生间、厨房、阳台等吊顶的主要材料。如图4-13 和图 4-14 所示。

⬆ 图4-13 塑料扣板(一)

⬆ 图4-14 塑料扣板(二)

9. 铝扣板

铝扣板是 20 世纪 90 年代出现的一种新型家装吊顶材料,主要用于厨房和卫生间的吊顶工程。由于铝扣板使用全金属打造,在使用寿命和环保方面上更优越于 PVC 材料和塑钢材料。人们往往把铝扣板比喻为"厨卫的帽子",这是因为它对厨房和卫生间具有更好的保护性能和美化装饰作用。

家装用铝扣板在国内按照表面处理工艺分类主要分为:喷涂铝扣板、滚涂铝扣板、覆膜铝扣板三大类,它们按先后顺序使用寿命逐渐增大,性能增高。喷涂铝扣板正常的使用年限为 5 ~ 10 年,滚涂铝扣板为 7 ~ 15 年,覆膜铝扣板为 10 ~ 30 年。

铝扣板的规格有长条形和方块形等多种,颜色也比较多,因此在厨卫吊顶中有很多的选择余地。目前常用的长条形规格有宽度为 50mm、100mm、150mm 和 200mm 等几种,方块形的常用规格有 300mm×300mm、600mm×600mm 等,小面积多采用 300mm×300mm 的,大面积多采用 600mm×600mm 的。为使吊顶看起来更美观,可以将宽窄搭配,两种颜色组合搭配。铝扣板的厚度有 0.4mm、0.6mm、0.8mm 等多种,越厚的铝扣板越平整,使用年限也就越长。如图 4-15 和图 4-16 所示。

⬆ 图4-15 铝扣板

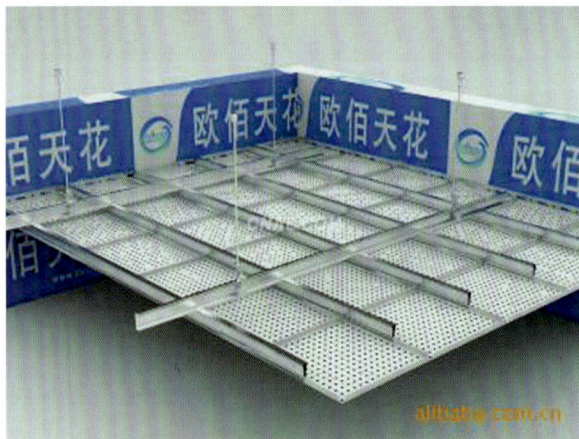

⬆ 图4-16 铝扣板龙骨

10. 石膏板

普通石膏板是由双面贴纸内压石膏而形成。目前普通石膏板的常用规格有 1200mm×3000mm 和 1200mm×2440mm 两种,厚度一般为 9mm。其特点是价格便宜,但遇水、遇潮容易软化或分解。普通石膏板一般用于大面积吊顶和室内客厅、餐厅、过道及卧室等对防水要求不高的地方,可以作隔墙面板,也可以作吊顶面板。如图 4-17 和图 4-18 所示。

🔹 图4-17　纸面石膏板

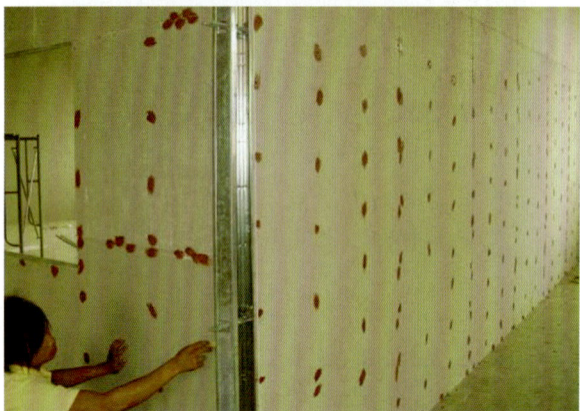

🔹 图4-18　轻钢龙骨石膏板隔墙

二、陶瓷

由白色的瓷土或耐火黏土经焙烧而成的瓷砖,分上釉和不上釉两种。瓷砖的品种花样繁多,包括釉面砖、有光彩色面砖、无光彩色面砖及多种彩釉混合的花釉砖、结晶釉面砖、斑釉砖、大理石釉砖、白底图案砖、色底图案砖等。

1. 釉面砖

釉面砖又称陶瓷砖、瓷片或釉面陶土砖,是一种

传统卫生间、浴室的墙面砖。高档墙面砖还配有一定规格的腰线砖、踢脚线砖、顶脚线砖、花片砖。釉面砖是装修中最常见的砖种,由于色彩图案丰富,而且防污能力强,因此被广泛用于墙面和地面装修。釉面砖就是砖的表面经过烧釉处理的砖,根据光泽的不同分釉面砖和哑光釉面砖。根据原料的不同分为:陶制釉面砖和瓷质釉面砖。陶制釉面砖由陶土烧制而成,吸水率较高,一般强度相对较低,主要特征是背面为红色;瓷质釉面砖,由瓷土烧制而成,吸水率极低,一般强度相对较高,主要特征是表面为灰白色。如图 4-19 和图 4-20 所示。

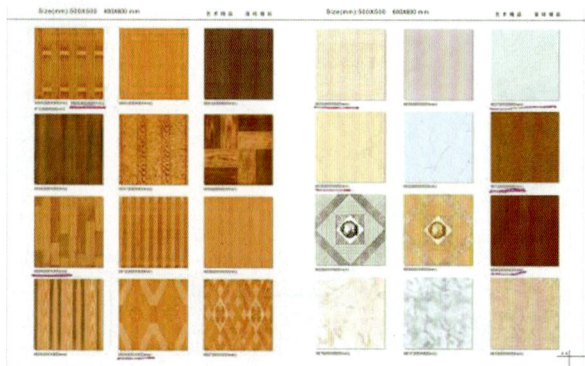

🔹 图4-19　釉面砖

🔹 图4-20　釉面砖应用实例

2. 通体砖

通体砖是表面不上釉的瓷砖,而且正反两面的材质和色泽一致。通体砖是一种耐磨砖,多使用于厅堂、过道和室外走道等装修项目的地面用砖,一般较少用在墙面上,多数防滑砖属于通体砖。虽然现在还有渗花通体砖等品种,但相对来说,其花色比不

上釉面砖,由于目前的室内设计越来越倾向于素色设计,因此通体砖越来越成为一种时尚。如图 4-21 和图 4-22 所示。

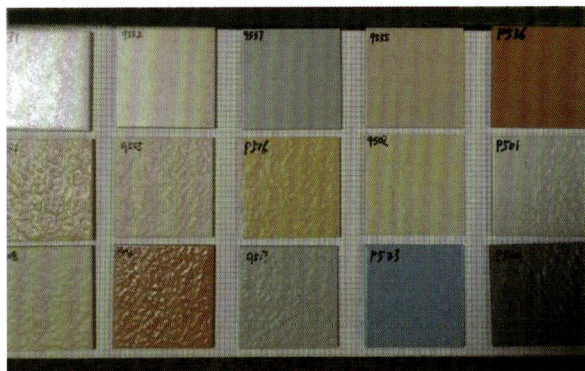

🔶 图4-21　通体砖

🔶 图4-22　通体砖应用实例

3. 仿古砖

仿古砖是从彩釉面砖演化而来,实质上是上釉的瓷质砖,两者唯一不同的是在烧制过程中,仿古砖技术含量要求比较高。如图 4-23 和图 4-24 所示。

🔶 图4-23　仿古砖应用实例（一）

🔶 图4-24　仿古砖应用实例（二）

4. 抛光砖

抛光砖是通体砖坯体表面经过打磨而成的一种光亮的砖种,适用于室内的墙面和地面。相对通体砖而言,抛光砖的表面要光洁得多。抛光砖坚硬耐磨,适合在除洗手间、厨房以外的多数室内空间中使用。在运用渗花技术的基础上,抛光砖可以作出各种仿石、仿木效果。

抛光砖抛光时会留下凹凸气孔,这些气孔会藏污纳垢,甚至一些茶水倒在抛光砖上都回天无力。后来一些质量好的抛光砖在出厂时都加了一层防污层,但这层防污层又使抛光砖失去了通体砖的效果。如果要继续通体,就只好继续刷防污层了。装修界也有在施工前打上水蜡以防玷污的做法。如图 4-25 和图 4-26 所示。

5. 玻化砖

玻化砖又称全瓷砖,由优质高岭土强化高温烧制而成,可解决抛光砖出现的易脏问题。玻化砖其实就是全瓷砖,其表面光洁又不需要抛光,所以不存在抛光气孔的问题。玻化砖其实是一种强化的抛光砖,质地比抛光砖更硬更耐磨,主要用于地砖。如图 4-27 和图 4-28 所示。

图4-25　抛光砖

图4-26　抛光砖应用实例

图4-27　玻化砖

图4-28　玻化砖应用实例

6．马赛克

马赛克的体积是各种瓷砖中最小的，一般俗称块砖。马赛克组合变化的可能性非常多，比如在一个平面上，可以有多种表现方法：抽象的图案、同色系深浅跳跃或过渡、为瓷砖等其他装饰材料做纹样点缀等。对于房间曲面或转角处，玻璃马赛克更能发挥它小身材的特长，能够把弧面包盖得平滑完整。马赛克一般分为陶瓷马赛克、玻璃马赛克、熔融玻璃马赛克、烧结玻璃马赛克、金星玻璃马赛克等。马赛克除正方形外还有长方形和异形等品种。如图4-29～图4-31所示。

图4-29　马赛克（一）

图4-30　马赛克（二）

图4-31　意大利高仿金银箔马赛克背景墙

三、壁纸

1．塑料壁纸

塑料壁纸是日前生产最多、销售得最快的一种壁纸，其所用塑料绝大部分为聚氯乙烯，简称PVC塑料壁纸。塑料壁纸通常分为普通壁纸、发泡壁纸和特种塑料壁纸。塑料壁纸花色品种多，适用面广，价格低，透气性好，接缝不易开裂，且表层有一层蜡面，脏了可以用湿布擦洗，因此应用范围很广。如图4-32所示。

图4-32　塑料壁纸

2．纺织壁纸

纺织壁纸是壁纸中较高级的品种，主要是用丝、羊毛、棉、麻等纤维织成，质感佳，透气性好，用它装饰居室给人以高雅、柔和、舒适的感觉。其中无纺壁纸是用棉、麻等天然纤维或合成纤维，经过无纺成型、上树脂、印制彩色花纹而成的一种高级饰面材料。其特性是挺括、不易撕裂、富有弹性，表面光洁，又有羊绒毛的感觉，而且色泽鲜艳、图案雅致、不易褪色，具有一定的透气性，可以擦洗。锦缎墙布是更为高级的一种，缎面织有古雅精致的花纹，其色泽绚丽多彩、质地柔软，裱糊的技术性和工艺性要求很高。其价格较贵，多用于室内高级装饰。如图4-33和图4-34所示。

图4-33　纺织物壁纸

图4-34　纺织物壁纸应用效果

3．天然材料壁纸

天然材料壁纸是用草、木材、树叶等制成面层的墙纸。一般是环保的壁纸，不含氯乙烯等有毒物质，燃烧生成的是二氧化碳和水。由于木纤维和木浆等材料具有呼吸功能，因此它具有良好的透气性，防潮及防霉变性能良好。另外,天然材料壁纸可重复粘贴,不容易出现褪色、起泡、翘边现象,产品更新无须将原有墙纸铲除（凹凸纹除外）,可直接张贴在原有墙纸上,并得到双重墙面保护。如图4-35所示。

🔴 图4-35　天然材料壁纸

4．液体壁纸

液体壁纸是一种新型艺术涂料,也称壁纸漆,是集壁纸和乳胶漆特点于一身的环保水性涂料。通过各类特殊工具和技法配合不同的上色工艺,使墙面产生各种质感纹理和明暗过渡的艺术效果,把墙身涂料从人工合成的平滑型时代带进天然环保型凹凸涂料的全新时代,满足了消费者多样化的装饰需求,也因此成为现代空间最时尚的装饰元素。另外液体壁纸采用丙烯酸乳液、钛白粉、颜料及其他助剂制成,也有采用贝壳类表体经高温处理而成。黏合剂选用无毒、无害的有机胶体,是真正天然环保的产品。液体壁纸是水性涂料,具有良好的防潮、抗菌性能,且具有不易生虫、不易老化等众多优点。如图4-36所示。

🔴 图4-36　液体壁纸

5．壁纸的选择

一般的壁纸长为10m、宽为0.52m,面积为$5.2m^2$。具体在选购过程中,要注意以下几点。

（1）看一看壁纸的表面是否存在色差、皱褶和气泡,壁纸的花色图案是否清晰、色彩是否均匀,应选择光洁度较好的壁纸。

（2）用手摸一摸壁纸,纸的薄厚是否一致,手感较好、凸凹感强的产品,应该成为首先考虑的对象。还可以裁一块壁纸小样,用湿布擦拭纸面,看看是否有脱色的现象。

（3）选购壁纸时要看清所购壁纸的编号与批号是否一致,因为有的壁纸尽管是统一编号,但由于生产日期不同,颜色上可能存在细微差异,通常在购买时难于察觉,直到贴到墙上才发现。而每卷壁纸上的批号即是代表同一颜色,也应避免壁纸颜色的不一致,以免影响装饰效果。

（4）闻一闻有无刺鼻气味,同时还要检查涂胶的环保性能。

四、地毯

地毯是以棉、麻、毛、丝、草等天然纤维或化学合成纤维类原料,经手工或机械工艺进行编结、栽绒或纺织而成的地面铺敷物。它是世界范围内具有悠久历史传统的工艺美术品类之一。覆盖于地面有减少噪声、隔热的功能并有很强的装饰效果。如图4-37所示。

🔴 图4-37　地毯的装饰效果

五、玻璃

玻璃在装修中的使用是非常普遍的,从外墙窗户到室内屏风、门扇等都会使用到,下面介绍装饰设计中常见的品种。

1．平板玻璃

（1）3～4mm 玻璃,在日常生活中,此处的 mm 也称为厘,这种规格的玻璃主要用于画框表面。

（2）5～6mm 玻璃,主要用于外墙窗户、门扇等小面积透光造型等。

（3）7～9mm 玻璃,主要用于室内屏风等较大面积但又有框架保护的造型之中。

（4）9～10mm 玻璃,可用于室内大面积隔断、栏杆等装饰项目。

（5）11～12mm 玻璃,可用于地弹簧玻璃门和一些活动人流较大的隔断之中。

（6）15mm 以上玻璃,一般市场上销售较少,往往需要订货,主要用于较大面积的地弹簧玻璃门和玻璃外墙。

2．浮法玻璃

普通平板玻璃与浮法玻璃都是平板玻璃,只是在生产工艺、品质上不同。浮法玻璃是在锡槽里使玻璃浮在锡液的表面上后制作出来的。因此,这种玻璃首先是平度好,没有水波纹,用于制镜、汽车玻璃不会走形,这是它的一大优点。

其次浮法玻璃选用的是矿石石英砂,因原料好,生产出来的玻璃纯净、透明度高、明亮、无色,没有玻璃疗、气泡之类。

第三是结构紧密、重,手感平滑,同样厚度的情况下,浮法玻璃比平板玻璃的比重大,但好切割,不易破损。

3．钢化玻璃

钢化玻璃是普通平板玻璃经过再加工处理而成一种预应力玻璃。钢化玻璃相对于普通平板玻璃来说具有两大特征:它的强度是后者的数倍,抗拉度

是后者的 3 倍多,抗冲击是后者 5 倍以上。钢化玻璃不容易破碎,即使破碎也会以无锐角的颗粒形式碎裂,对人体伤害大大降低。

4．夹层玻璃

夹层玻璃一般由两片普通平板玻璃（也可以是钢化玻璃或其他特殊玻璃）和玻璃之间的有机胶合层构成。当受到破坏时,碎片仍黏附在胶层上,避免了碎片飞溅对人体的伤害,多用于有安全要求的装修项目。

5．夹丝玻璃

夹丝玻璃是采用压延方法,将金属丝或金属网嵌于玻璃板内制成的一种具有抗冲击能力的平板玻璃,受撞击时只会形成辐射状裂纹而不至于堕下伤人,故多采用于高层楼宇和震荡性强的厂房。如图 4-38 所示。

图4-38　夹丝玻璃

6．中空玻璃

中空玻璃多采用胶接法将两块玻璃保持一定间隔,间隔中是干燥的空气,周边再用密闭材料密封而成,主要用于有隔音要求的装修工程之中。

7．玻璃砖

玻璃砖的制作工艺基本和平板玻璃一样,不同的是成型方法,玻璃砖的中间为干燥的空气,多用

于装饰性项目或者有保温要求的透光造型之中。如图 4-39 和图 4-40 所示。

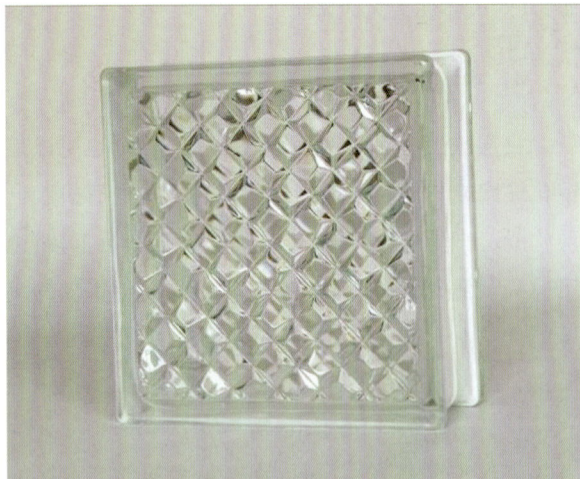

图4-39　玻璃砖（一）

图4-40　玻璃砖（二）

8.热熔玻璃

由平板玻璃加热软化在模具中成型，再经退火制成的曲面玻璃。在一些高级装修中出现的频率越来越高，一般需要预订，大多没有现货。如图 4-41 和图 4-42 所示。

9.磨砂玻璃

磨砂玻璃也是在普通平板玻璃上再磨砂后加工而成。一般厚度多在 9mm 以下，以 5mm、6mm 厚度居多。如图 4-43 所示。

图4-41　热熔玻璃效果图

图4-42　热熔玻璃

图4-43　磨砂玻璃

10．镜面玻璃

镜面玻璃即镜子，也叫涂层玻璃或镀膜玻璃，常用的镜面玻璃有明镜、墨镜（也称黑镜）、彩绘镜、雕刻镜等。如图 4-44 所示。

🔶 图4-44　镜面玻璃

11．压花玻璃

压花玻璃是采用压延方法制造的一种平板玻璃。它的最大特点是透光不透明，多用于洗手间等装修区域。安装时可将其花纹面朝向室内，以增强装饰感；作为浴室或浴厕的门窗、屋内间隔玻璃时，则应注意将其花纹面朝外，以防表面溅水而透视。如图 4-45 和图 4-46 所示。

🔶 图4-45　压花玻璃（一）

🔶 图4-46　压花玻璃（二）

六、石材

1．石材分类

（1）天然花岗石

天然花岗石是从天然岩体中开采出来并加工而成的一种石材，其特点是硬度大、耐压、耐火、耐腐蚀，可用于居家中的各种台面，但其价格贵、比较重。如图 4-47 所示。

🔶 图4-47　天然花岗石

（2）人造花岗石

人造花岗石是以天然花岗石的石渣为骨料制成的板块，其特点为抗污力、耐久性比天然花岗石强，其价格也较天然花岗石便宜。如图 4-48 所示。

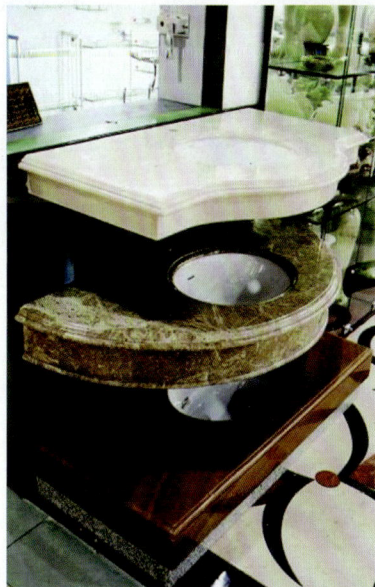
🔶 图4-48　人造花岗石

（3）天然大理石

天然大理石的特点是组织细密、坚实、耐风化、色彩鲜明，但硬度不大，价格昂贵，容易失去表面光泽。如图4-49所示。

⊕ 图4-49　天然大理石

（4）人造大理石

人造大理石的组成方式与人造花岗石相似，其价格与人造花岗石相仿。人造大理石由于可人工调节，所以花色繁多、柔韧度较好、衔接处理不明显、整体感非常强，具有陶瓷的光泽，绚丽多彩，外表硬度高、不易损伤、耐腐蚀、耐高温，而且非常容易清洁。如图4-50所示。

⊕ 图4-50　人造大理石

2．鉴别与选择

区别天然石材与人造石材的方法有两种：一是用火烧，因人造石材含胶会出现焦痕（烧结型的除外）；二是听敲打声，烧结型的人造石材发声清脆，天然石材则几乎无声响。某些天然石材不一定比人造石好，人造石的色差小、机械强度高、可组合图案、制作成型后无缝隙等特性都是天然石材不可比的，此外人造石材还没有天然石材的那种高强的辐射性等。另外，在选择中要注意以下几点。

（1）天然石材色泽不均匀，且易出现瑕疵，所以在选材上要尽量选择色彩协调的，并注意分批检查，验货时最好逐块比较。应保证同一批次板材的花纹、色彩要一致，一批板材不能有很大的色差，否则将会影响铺装后的效果。

（2）由于开采工艺复杂，往往又经过长途运输，所以大幅面石材最易裂缝，甚至断裂，这也是选材时特别要注意的。

（3）可以用手感觉石材表面光洁度，掌握几何尺寸是否标准，检查纹理是否清楚。

（4）石材板材的外观质量主要通过目测来检查，优等品的石材板材不允许有缺棱、缺角、裂纹、色斑、色线及坑窝等质量缺陷，其他级别石材板材允许有少量缺陷存在，级别越低，允许值就越高。

（5）优等品的板材，长、宽偏差小于1mm，厚度小于0.5mm，平面极限公差小于0.2mm，角度误差小于0.4mm。

七、地板

1．实木地板

实木地板是天然木材经烘干、加工后形成的地面装饰材料，它呈现出的天然原木纹理和色彩图案，给人以自然、柔和、富有亲和力的质感；同时由于它冬暖夏凉、触感好的特性，使其成为卧室、客厅、书房等地面装修的理想材料。实木地板虽然环保，但易变形和被虫蛀，需经常打理。选实木地板主要看含水率和漆膜硬度，实木地板的平均含水率最好控制在12%左右，过干和过湿都不好。而漆膜硬度可以这样检测：用一只削好的平头H铅笔，笔杆与地板表面成45°夹角，在地板表面上连划几道，没有痕迹的是合格品。如图4-51所示。

↑ 图4-51 实木地板

2. 实木复合地板

实木复合地板又称实木多层地板,是在实木地板的基础上经过加工处理,将木材分解再组合的新一代实木地板,这样可以将世界上珍贵稀少的树材充分地合理利用,用少量的珍贵树材制造出大量名贵的木地板,使绿色的森林资源得到科学的利用。实木复合地板解决了单层实木地板容易受潮变形、干缩开裂的问题。特别是在我国北方地区,更适合用于地热地板。如图4-52所示。

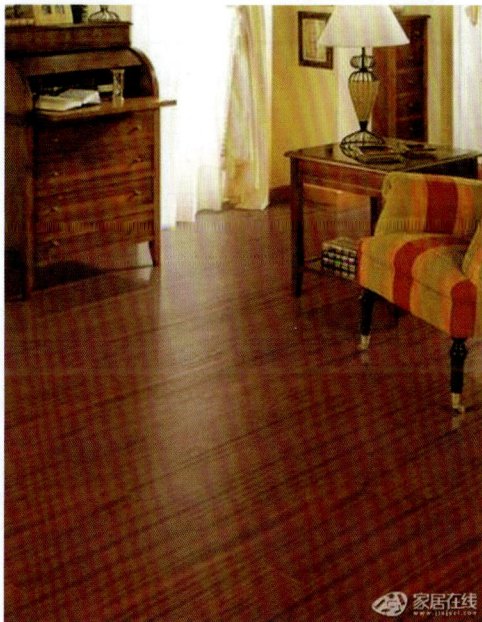

↑ 图4-52 实木复合地板

3. 强化地板

强化地板通常为四层结构,随着科技的进步,也出现了超过四层的强化地板。强化木地板的一般结构为:第一层,耐磨层(三氧化二铝);第二层,装饰层(木纹装饰纸经浸胶后的装饰层);第三层,基材层(中／高密度纤维板);第四层,防潮平衡层。

强化木地板的规格主要是通过改变单板的长度、宽度和厚度来实现的。强化木地板的长度通常为1200～1820mm,宽度为182～225mm,厚度为6～12mm。按一块地板宽度方向有几块地板图案,可以分为单拼版、双拼版和三拼版。

强化复合地板有耐磨、美观、环保、防潮、阻燃、防蛀、安装便捷、易清洁护理、经济实用等诸多优点。它能经受住鞋跟、凳腿甚至是带轮椅子的磨损而不会被划伤或留下痕迹;能经受住重家具等物体的撞击、重压;烟头、火星不会留下任何灼烧痕迹;不易受到墨水、油漆、各种溶剂玷污;安装快捷、便利、节省费用;不需要打龙骨,不需打孔钉钉,只需在地面上铺防潮地垫后进行悬浮式安装;日常护理只需使用吸尘器或湿抹布抹擦即可。如图4-53所示。

↑ 图4-53 强化地板

4. 竹地板

竹地板分多层交合竹地板和单层侧拼竹地板。竹地板外观自然清新,纹理细腻流畅,防潮、防湿、防蚀,韧性强、表面坚硬。竹木复合地板是竹材与木材复合后的再生产物。它的面板和底板采用竹材,芯层多为杉木、樟木等木材。竹木复合地板具有竹地板的优点,稳定性佳、结实耐用、脚感好、冬暖夏凉。

竹地板的常用规格有 900mm×90mm×18mm，1820mm×90mm×15mm 等多种，在铺贴方法上与实木地板相似。如图 4-54 所示。

图4-54　竹地板

5．踢脚线

踢脚线是家居装修中必不可少的材料，但相对花费高、引人关注的地板来说，它容易被人们所忽视。市场上常见的制作踢脚线的材料有：原木质材料、中密度纤维板、高密度纤维板和新材料 PVC 高分子发泡材料等。如图 4-55 ～图 4-57 所示。

图4-55　不锈钢踢脚线

图4-56　木踢脚线

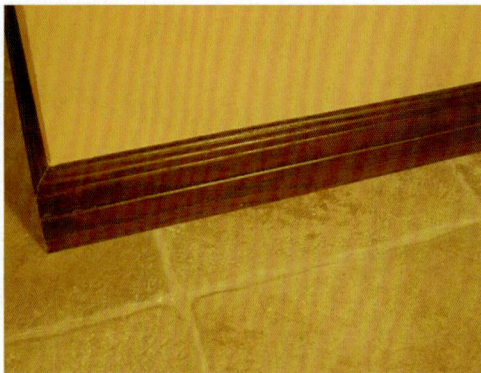

图4-57　仿古踢脚线

八、门窗

现代房产大多是清水房，因此家庭装修的一个很大项目就是包门窗套，安装室内门。随着室内装饰的兴起，人们越来越关注房屋空间的美化和装饰。因此，在门框的基础上发展为门套，即将安装门后剩余的墙壁给包起来，一则美观漂亮；二则起到对墙壁的保护作用。如表 4-1 所示为门、窗套的类型。

表　4-1

门、窗套类型	门、窗套说明
单边门套	只有一面的门套，如进户门
双边门套	有双面的门套，如卧室门
上窗门套	在普通门套上面留有玻璃上窗的门套
垭口门套	垭口是指不装门的门套，通常垭口门套会有一些造型设计
推拉门套	为安装推拉门而制作的门套
窗套	大都是单边套

门窗套的制作材料很多，家庭装修中大部分以木材为主，也有极少数使用金属材料和塑钢材料。门窗套根据其制作工艺可分为现场制作和工厂制作两种，根据其选材不同，又可分为实木套和复合套两种，复合门窗套大多由底层和面层组成，实木套则由一种实木制作而成。

九、油漆涂料

1．水基界面剂

水基界面剂，它以水为溶剂，将天然动物胶及几种助剂经过一定的工艺,制成水溶液。它的最大特点就是界面剂在混凝土表面喷涂时,一部分界面剂渗透在混凝土内部,一部分留在混凝土表面。当抹砂浆时,混凝土表面这部分界面剂溶解到砂浆中,这样当砂浆固化后,混凝土就同砂浆形成牢固的整体。家庭装修中常见墙面大白干裂脱落现象,若在铲除原墙面大白粉后,整体涂以界面剂,就能很好地防止大白粉干裂、空鼓、脱落等弊病。

2.纤维素

在墙面施工中,在大白粉(腻子粉)中加一定量的纤维素,能使大白粉与墙壁面的附着力增加,使大白粉的黏力增加。

3.嵌缝石膏

嵌缝石膏主要用于吊顶石膏板之间的嵌缝,水泥墙面的找平等。

4.大白粉

大白粉又称滑石粉、腻子粉,是墙面找平的常用材料,一般在大白粉中加入纤维素、白乳胶和水,揉成稠状,用以墙壁面、屋顶,为防止其开裂、脱落,可在底层涂上一层界面剂。

5.乳胶漆

乳胶漆是乳涂料的俗称,诞生于20世纪70代中下期,是以丙烯酸酯共聚乳液为代表的一大类合成树脂乳液涂料。乳胶漆按被涂墙位置分内外墙乳胶漆等;按光泽效果分无光、哑光、半光、丝光、有光乳胶漆等;按基料分纯丙涂料、苯丙涂料、醋丙涂料、叔碳漆等;按装饰效果分平涂、拉毛、水溶性涂料、溶剂型乳胶漆等;按装饰功能分通用型乳胶漆,功能型(抗菌抗污)乳胶漆。如图4-58所示。

抗污乳胶漆是具有一定抗污功能的乳胶漆,对一些水溶性污渍,例如水性笔、手印、铅笔等都能轻易擦掉,一些油渍也能沾上清洁剂擦掉,但对一些化学性物质如化学墨汁等,就不能擦到回复原样,只是耐污性好些,具有一定的抗污作用,不是绝对的抗污。

↑ 图4-58 乳胶漆

抗菌乳胶漆除具有涂层细腻丰满、耐水、耐霉外,还有抗菌功能。目前理想的抗菌材料为无机抗菌剂,它有金属离子型无机抗菌剂和氧化物型抗菌剂,对常见微生物、金黄色葡萄球菌、大肠杆菌、白色念珠菌及酵母菌、霉菌等具有杀灭和抑制作用。选用抗菌乳胶漆可在一定程度上改善生活环境。

6.木器漆

用于木制品上的一类树脂漆,有聚酯、聚氨酯漆等,可分为水性和油性。按光泽可分为高光、半哑光、哑光;按用途可分为家具漆、地板漆等。木器漆能够使得木质材质表面更加光滑;避免木质材质直接性被硬物刮伤、划痕;有效地防止水分渗入到木材内部造成腐烂;有效防止阳光直晒木质家具造成干裂。

十、五金配件

五金配件是现代家装的重要材料。五金分为连接性五金、功能性五金、装饰性五金等。连接性五金主要用于板材或物体之间的连接,如铁钉、螺纹铁钉、自攻钉、气枪钉、码钉、折页、铰链、连接件等。功能性五金是指带有一定功能作用的五金件,如门锁、滑轨、滑轮、拉手、法兰、开关插座、门吸等。装饰性五金是指带有一定装饰效果的五金件,如玻璃扣等。如图4-59~图4-63所示。

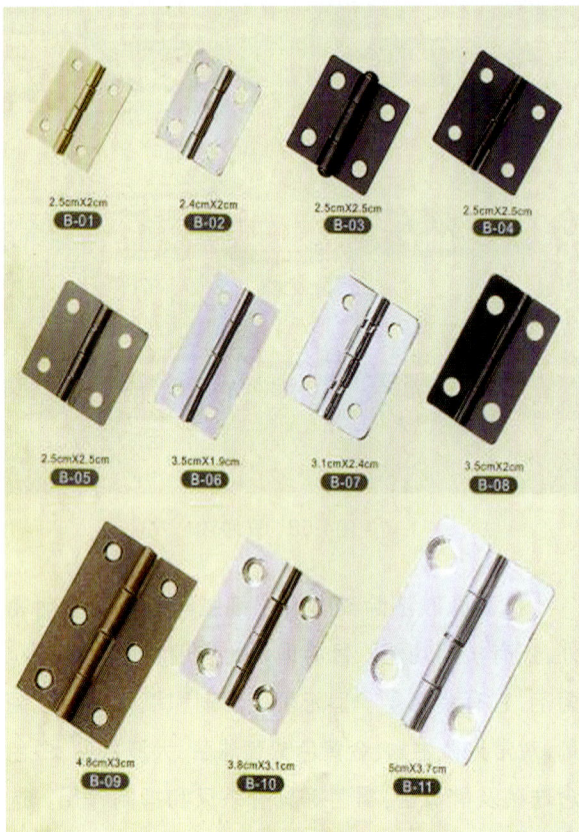

图4-59　合页

图4-62　滑道

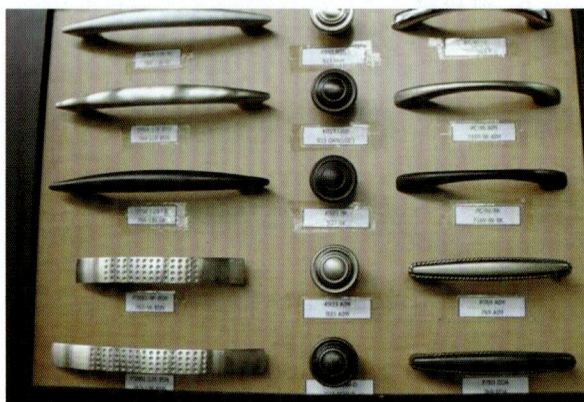

图4-63　拉手

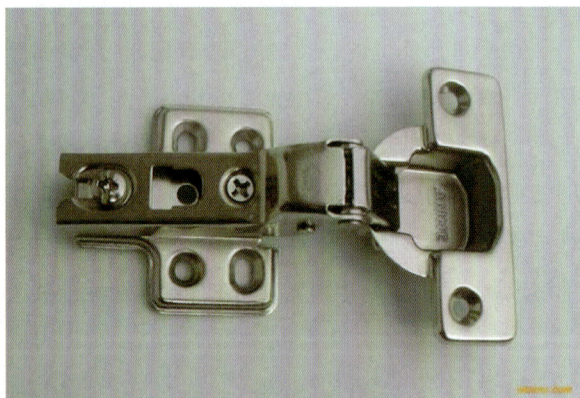

图4-60　铰链

十一、卫生洁具

1．洗面盆

洗面盆分台式面盆、立柱式面盆、挂式面盆等。台式面盆又分为台上盆、台下盆、上嵌盆、下嵌盆及半嵌盆等；立柱式面盆分为立柱盆、半柱盆。如图4-64和图4-65所示。

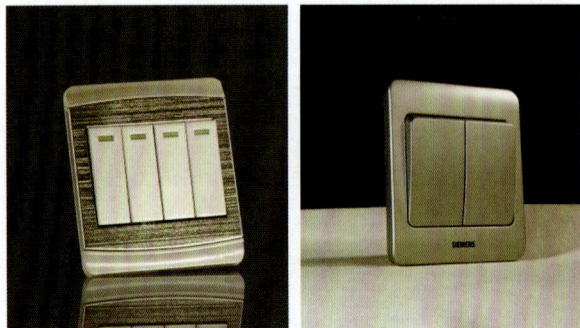

图4-61　开关

图4-64　台上盆

图4-65 台下盆

2．坐便器

坐便器大致分为冲落式、虹吸式。

3．浴缸

浴缸大致分为钢板搪瓷浴缸、铸铁浴缸、压克力浴缸，通常情况下浴缸尺寸长度为1100～1700mm不等。如图4-66和图4-67所示。

图4-66 浴缸（一）

图4-67 浴缸（二）

4．淋浴房

淋浴房在功能上可分为三种：淋浴屏、电脑蒸汽房、整体淋浴房；从形态上分，常用淋浴房有立式角形淋浴房、"一"字形淋浴房、浴屏。如图4-68～图4-70所示。

5．水龙头

水龙头按功能来分，可分为面盆、浴缸、淋浴、厨房水槽用水龙头及电热水龙头（瓷能电热水龙头）等。

图4-68 淋浴房（一）

图4-69 淋浴房（二）

🔼 图4-70　淋浴房（三）

第二节　施　工　工　艺

一、吊顶工艺

1．木龙骨吊顶工艺

步骤如下：

（1）阅读图纸，充分理解图纸造型。

（2）将木方刨平，刷严防火涂料直到看不见木龙骨颜色为止。

（3）在墙面上弹出吊顶水平线，并根据需要在顶上先固定几根纵向龙骨，龙骨最少为 3mm×4mm 以上，间距以 300mm 为宜，吊筋间距以 600～800mm 为宜，吊筋严禁直接使用木楔钉到顶上。

（4）制作龙骨框架，可在地面上先固定好。异形顶应用细木工板作出模型。

（5）利用吊杆将木龙骨固定好，并注意调整水平和垂直度。

（6）预留出灯座板或灯槽位置，由电工将电线接好，并留出线头。

（7）将裁剪的石膏板用自攻钉固定，龙骨上蒙一层足尺的柳桉芯 9 厘（mm）板后再上石膏板，石膏板与板之间要人为地预留 5～8mm 空隙，石膏板面自攻螺丝内陷 1～2mm 并做防锈处理，要做到平整牢固，异型要做到线条流畅。如图 4-71 和图 4-72 所示。

🔼 图4-71　木龙骨吊顶

🔼 图4-72　轻钢龙骨吊顶

2．铝扣板吊顶工艺

（1）根据顶棚的管道，确定吊顶高度，并按此高度弹划水平线。

（2）打眼并将铝扣板边角条沿水平线上沿固定好，拐角处需要将边角条按 45°对角。

（3）确定主龙骨位置，在顶棚上打眼并安装吊筋。

（4）利用吊筋将主龙骨固定好。

（5）将铝扣板依次扣上主龙骨（条状铝扣板需拆切成合适的长度）。

（6）将铝扣板调平。如图 4-73 和图 4-74 所示。

⬆ 图4-73 卫生间铝扣板吊顶

⬆ 图4-74 厨房铝扣板吊顶

二、门窗工艺

（1）木工师傅用冲击电锤打立板和实木线条固定眼，将木楔在太阳底下晾晒一天，作防腐处理后钉进已打好的眼内，做套时木板靠墙面刷桐油一遍来做防潮处理。

（2）将优质细木工板靠墙面刷桐油后钉到墙山上，用水平尺和线驼将其操的横平竖直、四正，板内填补得尽可能严实，需装门的一边必须使用两张细木工板站边，达到足以承受门页的重量和合页的握钉力，门挡用9厘（mm）板作成暗侧口，并用实木小线条封头。

（3）门套线条用9厘（mm）板衬底，侧面用实木小线条封实，实木门套线条和其他实木线条应提前4～5天购买，不要开捆后放在工地晾干，钉门窗

套线条时要人为地预留1mm以上的收缩余地，切不可即时收口。通常，夏天收缩3天以上、冬天收缩6天以上再收口。

（4）厨房、卫生间门套线条要与地面预留10mm间距。

（5）窗户台建议采用天然石材、人造石、瓷砖、马赛克等装饰。

（6）窗套木制作要在天然石材或人造石材装上以后再制作，以达到严丝合缝。

（7）需要做混油的木制品要在实木线条与接触处开V槽处理。

三、门板制作工艺

（1）平板工艺房门制作：用两张优质细木工板制作成实心门，将木工板分别开深度为3mm、间距为120mm的对应槽，用木工胶水将两张开好的对应槽木工板叠压在一起，两面再装饰面板，并放在平整的地面上用250kg以上重量物体压制10天以上，压制过程中正反面翻动3～4次，10天后将门坯用实木线条收边。实木线条收边后切不可即时收口。通常夏天收缩3天以上、冬天收缩6天以上再收口。

（2）凹凸工艺房门制作：中间用一张优质细木工板开对应槽，两边用9～12厘（mm）板夹制，并在上面装饰面板，放在平整的地面上并用250kg以上重量的物体压制10天以上，压制过程中正反面翻动3～4次，10天后将门坯用实木线条收边，干缩工艺同上。

（3）衣柜门制作工艺：中间用12～15厘（mm）板（15厘（mm）板须开对应槽），两边的上面装饰面板。凡达到1400mm以上长度的柜门须在门内两边各加不锈钢条一根。再放在平整的地面上以250kg以上重量的物体压制10天以上，压制过程中正反面翻动3～4次，10天后将门坯用实木线条收边。干缩工艺同上。柜门宽度最好不要超过450mm。

（4）推拉门制作工艺：做工与其他门页大致相

同,轨道要隐藏在门套内,玻璃两边要用定做的实木小线条夹住,地面定位器要牢固,位置要合理。

四、木制品制作工艺

(1)首先熟悉图纸、理解设计意图,对施工班组进行技术交底,在明确设计意图的基础上,按图纸对现场的实际尺寸进行实测,根据设计及规范的要求,确定木制品制作细节的操作步骤。如遇尺寸与图纸出入较大,应及时向设计师及监理提交书面通知。

(2)木工制品必须严格按图样标明的尺寸制作,必须使用经过烘干或自然干燥的优质材料,禁止使用虫蛀、松散、爆裂或有腐蚀的木材。

(3)所有木工制品使用前必须保证木材夹板纹路、颜色一致,必须保证接合和安装在任何部位和任何地方都不会损害其强度和装饰品之外观,不会引起相邻材料和结构的破坏。

(4)所有木工制品表面应抛光、割角要准确平齐,接头及对缝应严密整齐,安装、粘贴要牢固,线条棱角要清晰分明。

(5)所有木工制品必须严格按照设计要求涂刷防火涂料和做好防腐处理。

(6)在木板表面粘贴饰面木皮时,首先要保证木皮颜色一致、无节。在施工中,确保木皮粘贴牢固、纹路连贯,颜色与木方一致,不得使用破损严重的木皮。

五、墙面工艺

1.墙面乳胶漆工艺

(1)基层处理。

先将墙面的洞口坑凹部位进行修补,待干燥后清扫墙面。满刮腻子,将抹灰面气孔、麻点等填刮平整、光滑。第一遍腻子干燥打磨后,沿垂直于第一遍腻子的方向满刮第二遍腻子,待其干燥后进行打磨,最后将缺陷部分修补平整。

木材基层面处理时,首先将突出木板面的钉子钉入木板中,保证木板面平顺,并对钉眼部位做好防锈处理。对于木板接缝要用专用嵌缝弹性腻子嵌缝,然后用"的确良"布粘贴在其表面,每边搭接木板面不少于50mm。大面刮腻子可参考抹灰面的处理。

石膏面板处理时,首先应将突出的螺钉拧到位,并在钉眼处点刷两遍防锈漆。在石膏板接缝处用专用嵌缝弹性腻子嵌缝,然后用"的确良"布粘贴表面,每边搭接石膏板面不少于50mm。大面刮腻子可参考抹灰面的处理。

所有面层要做到平整光滑,阴阳角通畅,无砂眼、麻点。所有面层刮腻子不少于两遍。

(2)在刮腻子的表面涂刷设计师指定的底漆两遍,要做到涂刷均匀,不得漏刷。

(3)在刷过底漆的墙面用滚筒将适量的面漆均匀滚涂在墙面上。在滚漆时应先将面漆大致涂在板面上,然后使用滚筒在墙面上进行上下左右平稳地来回滚动,使面漆均匀展开,最后用滚筒按一定方向满滚一遍。在阴角上下口及细部,用排笔及毛刷找齐。先在板面涂刷两遍面漆,待交工前再涂刷第三遍面漆。

(4)在刷面漆时要控制好面漆的浓度,防止产生流坠、刷纹。在刷面漆过程中控制好时机,避免潮湿天气施工,防止面漆无光泽。底漆干燥后再施工面漆,防止产生渗色、咬底、泛白、气泡等现象。

2.壁纸粘贴工艺

(1)为了防止壁纸受潮脱落,在腻子表面须刷一遍防潮底油,防潮底油采用酚醛清漆与汽油(松节油)并按1:3的比例配置。底油要涂刷均匀,不得漏刷。

(2)待底油干燥后,根据画好的粘贴图,在墙面弹出水平、垂直线,以保证壁纸粘贴后横平竖直、图案端正。根据弹出墨线裁剪壁纸,两端各留出30~50mm的裁剪量。有图案的壁纸应由墙上部开始对花,统筹规划后进行小心裁剪并编号,以便按顺序粘贴。裁剪好的壁纸要卷起并水平放置,严禁立放。

(3)先在墙面刷一遍胶黏剂,要薄而均匀,不得漏刷。阴角处应增加1~2遍胶黏剂。裁剪好的壁纸在使用前,先将壁纸背面用湿布擦拭一下,待表面稍干后,再在壁纸背面均匀刷一遍胶黏剂。

（4）粘贴壁纸时，首先按照所弹墨线定位，确保壁纸垂直，后对花纹拼缝，再用刮板用力抹压平整。粘贴过程是先垂直后水平，先细部后大面。贴垂直面时先上后下，贴水平面时先高后低。从墙面所弹垂线开始至阴角处收口。第一张壁纸的粘贴要将壁纸背对摺后将其上半截的边缘靠着垂线成一线，轻轻压平，并由中间向外用刷子将上半截敷平，然后同样粘贴下半截。整个墙面粘贴完后，用壁纸刀将多余部分裁割、压好。

（5）粘贴过程中，壁纸一般采用拼缝粘贴法。拼缝时先对图案后拼缝。图案上下吻合后，再用刮板斜向刮胶，将拼缝处赶密实，并将多余胶黏剂用湿毛巾擦干净。用钢尺压在拼缝处，将壁纸刀从上而下沿钢尺将重叠墙纸切开，余纸清除后将壁纸沿刀口拼缝粘牢。

在阴阳角处不可拼缝应搭接。阳角壁纸先贴转角壁纸，壁纸要绕过阳角不小于 20mm，再贴非转角壁纸。阴角搭接面应根据阴角垂直度而定，一般搭接 2 ～ 3mm，并要保证垂直无毛边。

（6）粘贴前应尽可能将墙面物件卸下。在粘贴过程中，将卸下孔洞位标记出来。不易卸下物件，小心切割出"十"字口，然后用手按出物件轮廓，并将多余壁纸割除、贴牢。

（7）发现空鼓部位时，可用壁纸刀切开，补涂胶黏剂并重新压实贴牢。小气泡可用注射器放气，然后注入胶液。多余的胶液用湿毛巾擦干净。

（8）基层腻子要平整，避免使壁纸表面不平整。基层要处理干净，避免产生翘边。壁纸施工前要对色，保证颜色一致。如图 4-75 所示。

六、地面工艺

1．瓦工工艺

（1）原墙面过于光滑，刷过油漆、乳胶漆的须作铲除或打毛处理，打毛后刷水泥浆处理一遍，直至平直，再做防水处理（如需要）。老房子墙面铲除到红砖的，须在粉刷后 7 天再贴瓷砖，铺贴前需在墙面洒些许清水。

↑ 图4-75　壁纸粘贴

（2）地砖铺贴前须充分清洁地面，洒水湿润，带线干铺。

（3）墙、地砖在铺贴前须进行仔细挑拣，泡水充足，铺贴时要带水平线、垂直线，看好花纹。卫生间、阳台和有地漏的厨房地面要做好返水，做工要精细，墙砖 45°角处要在切割机切后的基础上用磨刀石带水磨边，做到不掉釉，不爆边，手感光滑。厨房、卫生间、阳台墙地砖的铺贴，严格按照墙压地的程序铺贴。纯白色镜面地砖要在上纯水泥浆前刷白乳胶一遍。

（4）厨房、卫生间中需要贴瓷砖的水管，严禁使用木材制作，要用水泥、黄沙、碎砖尽可能包到最小。墙、地砖铺贴时要及时清洁砖面，不可空鼓，铺贴完毕后要及时清理砖缝，填充填缝剂或白水泥，并修补所有缝隙。

（5）瓷砖铺贴完成后，水龙头接口内丝要与瓷砖表面持平或内陷不允许超过 5mm；墙、地砖铺贴要预留 2mm 以上膨胀缝，严禁铺贴质量差的无缝砖（在不留膨胀缝情况下）。如图 4-76 所示。

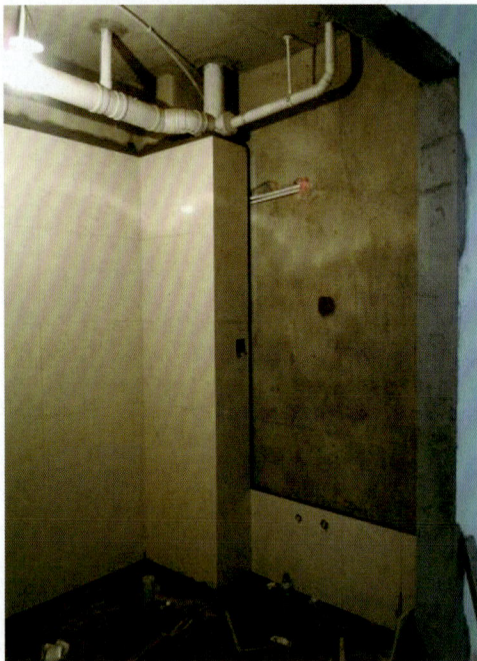

🔸 图4-76 瓦工工艺

2．实木地板铺装工艺

（1）检测一下地面是否潮湿（因作油漆和乳胶漆时工人师傅通常会在地上洒些水除尘），如潮湿应待含水量达到要求时再铺。

（2）用水平线规定龙骨厚度，按照地板长度测算出固定龙骨的位置及间距，并用墨斗线弹出固定龙骨位置的直线；用冲击电钻打出固定的龙骨和踢脚线的钉眼，钉眼间距最好为300mm；用成品木楔或自制木楔，最好能将木楔上一遍防腐油（放在太阳或日光灯下将水分晒干），然后钉到钻眼内并钉紧。

（3）将龙骨用2寸以上松花钉固定牢实，钉头进入龙骨内1～2mm，带线将龙骨找（刨）平并清扫干净；用墨斗弹以龙骨中心线和墙为准的地板铺装直线；预铺地板一遍，将色差调至最理想的状态，建议将色差较大的地板放在床和柜的下面。

（4）防虫剂均匀撒在地上，防潮膜以木龙骨的反方向横铺在龙骨上，接头要交叉100mm。一楼要在龙骨底下多加一层防潮膜。

（5）为避免将已铺过的地板搞错，建议将地板拿起时在每一块地板的反面标注上字号，然后沿标注号来铺装地板。

（6）地板铺装时要将接头放在龙骨的中间，不

可偏离太多，地板要先用手枪钻眼后，再用1.5寸松花钉固定在龙骨上，每块板与板之间要加包装带（约0.2mm）的膨胀缝，靠墙边要预留5mm以上的膨胀缝，板缝之间切不可上胶水。如图4-77和图7-78所示。

🔸 图4-77 实木地板铺装（一）

🔸 图4-78 实木地板铺装（二）

七、油漆工艺

1．清水漆工艺

（1）将工地卫生打扫干净，撤去除油漆外所有的工具和材料（板凳、梯子除外），油漆必须在乳胶漆之前完成。

（2）门锁、铰链等小五金要保护起来，有需要跳色的地方要用分色纸隔开。

（3）补钉子眼用油腻子（不可用透明腻子），特别粗糙的装饰面板（黑胡桃、柚木、橡木等）要满刮腻子一遍，干燥后磨 280 号水砂纸一遍。

（4）上底漆两遍，干燥后磨 400 号水砂纸一遍。

（5）再上底漆两遍，干燥后带水磨 600 号水砂纸一遍。

（6）再上面漆一遍，干燥后带水磨 1000 号水砂纸一遍。

（7）再上面漆一遍，干燥后带水磨 1200 号水砂纸一遍。

（8）再上面漆一遍，干燥后用细棉纱抛光一遍，严禁打蜡。

（9）以上做工须将门窗关闭严实，随时清扫地面。油漆工作需要干净的环境，否则很难做好。

2．混水漆

（1）将工地卫生打扫干净，撤去除油漆外所有的工具和材料（板凳、梯子除外），油漆必须在乳胶漆之前完成。

（2）门锁、铰链等小五金要保护起来，有需要跳色的地方要用分色纸隔开。

（3）实木线条收边的木制品，做木工时要将线条与面板之间开 V 槽，油漆工要将 V 槽用原子灰或自调油灰补平，这样就不会出现开裂和明显的线条痕迹，使木制品看上去像一个整的。

（4）用原子灰或自调油灰刮腻子2~3遍找平。建议不要使用胶腻子，胶腻子脱壳的可能性很大。

（5）上底漆两遍，干燥后磨 400 号水砂纸一遍。

（6）再上底漆两遍，干燥后带水磨 600 号水砂纸一遍。

（7）再上面漆一遍，干燥后带水磨 1000 号水砂纸一遍。

（8）再上面漆一遍，干燥后带水磨 1200 号水砂纸一遍。

（9）再上面漆一遍，干燥后用细棉纱抛光一遍，严禁打蜡。

（10）以上做工须将门窗关闭严实。随时清扫地面，油漆工作需要干净的环境，否则很难做好。

八、水电工艺

1．水路施工工艺

（1）除设计注明外，冷热水管均采用铝塑管，主管直径统一为 20mm，分管直径为 16mm；安装前应检查管道是否畅通。如图 4-79 所示。

❶ 图4-79 水路施工

（2）不得随意改变排水管、地漏及坐便器等的废、污排水性质和位置（特殊情况除外）。排水管必须有存水弯，以防臭气上排。

（3）钢管全部采用螺纹连接，并用麻丝、厚漆或生料带衬口，管道验收应符合加压 ≥ 0.6MPa。以稳压 20 分钟管内压力下降 ≤ 0.5MPa 为标准。下水管竣工后一律临时封口，以防杂物阻塞。

（4）管道安装应横平竖直，铺设牢固，PVC 下水管必须胶粘严密，坡度符合 35/1000 要求。

（5）管道安装不得靠近电源，并放在电线管下面，交叉时需用过桥弯过度，水管与燃气管的间距应该不小于 50mm。

（6）通往阳台的水管必须加装阀门，中间尽量避免接头。

（7）冷热水管外露头子间距必须根据龙头实际尺寸而决定。两只头子（明装头子必须用镀锌式样管加长 30mm 套管，确保以后三角阀安装并行）必须在同一水平线上；外露头子凸出墙身应不小于

10～15mm,并用水泥砂浆固定,热水管入墙身深度应保证管外有15mm以上的水泥砂浆保护层,以免受热后釉面裂开(特殊情况除外)。长距离热水管须用保温材料处理。

(8)前期工程完工时需安装工地临时用水龙头1～2只(以地龙头为佳),并提供后期所需材料清单(规格、数量、种类),以便于客户自行安排时间选购。

(9)卫生洁具安装必须牢固,不得松动,排水要畅通,各处连接密封无渗漏;安装完毕后盛水2h,自行用目测和手感法检查一遍。

(10)坐便器安装必须用油石灰、硅酮胶或黄油卷连接密封,严禁用水泥砂浆固定,水池下水、浴缸排水必须用硬管连接。

(11)所有卫生洁具及其配件安装前及安装完毕均应检查一遍,查看有无损坏,工程安装完毕应对所有用水洁具进行一次全面检查。

2.电路施工工艺

(1)每户设置的配电箱尺寸,必须根据所需空开数而定;每户均必须设置总开(两极)+漏电保护器(所需位置为4个单片数,断路器空开为合格产品),严格按图分设各路空开及布线,并标明空开各路标签。配电箱安装必须有可靠的接地连线。

(2)与房主确定开关、插座品牌,核实是否有门铃、门灯电源,校对图纸跟现场是否相符,不符时经客户同意可做相应调整并签字。

(3)电气布线均采用中策BV(塑铜线)单股铜线(塑铜线),接地线为BBR(镀锡)软铜线,穿PVC暗管埋设(空心楼板,现浇屋面板除外)走向为横平竖直,沿平顶墙角走,无吊顶但有80mm石膏阴角线时限走直径20mm、15mm各一根,禁止地面放管走线,严格按图布线(照明主干线为2.5mm²,支线为1.5mm²)管内不得有结头和扭结,应均用新线,旧线在验收时交付房东。禁止电线直接埋入抹灰层(遇混凝土时采用BVV护套线)。

(4)管内导线的总截面积不得超过管内径截面积的40%。同类照明的几个回路可穿入同一根管内,

但管内导线总数不得多于8根。

(5)电话线、电视线、电脑线的进户线均不得移动或封闭,严禁弱电线与导线在同一根管道中(包括穿越开关、插座暗盒和共用暗盒),管线均从地面沿墙角走。

(6)严禁随意改动煤气管道及表头位置,导线管与煤气管间距同一平面不得小于100mm,不同平面不得小于50mm,电器插座开关与煤气管间距不小于150mm。

(7)线盒内预留导线长度为150mm,平顶预留线必须标明标签,接线为相线进开关,零线进灯头,面对插座时为左零、右相、接地在上;开关插座安装必须牢固、位置正确、紧贴墙面。同一室内盒在同一水平线上。

(8)开关、插座常规高度(以老地坪计算),安装时必须以水平线为统一标准。开关常规安装高度如表4-2所示。

表4-2 开关、插座常规高度

类 型	普通	分体空调	立式空调	房间电视
插座高度/mm	300	2200	300	700
开关高度/mm	1300			

类 型	油烟机	床头灯插座	厨房插座	特殊插座
插座高度/mm	2200	600	1100	根据实际调整
开关高度/mm				

(9)前期工程完工时,每个房间安装临时照明灯一盏,插座一只,安装好配电箱及保护开关并接通全部电源,绘好电线、管道走向图,并提供后期材料清单(规格、品牌、数量、种类),便于房东自行安排时间选购。

(10)灯具、水暖及厨卫五金配件,防雾镜(普通镜子由木工安装)进场后应检查一遍,查看是否损坏。

(11)严禁带电作业(特殊情况需带电作业时要有一人在场)。工程安装完毕,应对所有灯具、电器、插座、开关、电表进行断通电试验检查,再在配电箱上准确标明其位置,并按顺序排列。

(12)绘好的照明、插座、弱电图、管道在隐蔽工

程验收时,经客户签字认可后,配合设计人员打印成图,交工程部、客户各一份（底稿留档）。

（13）工班长必须在现场作业,验收时在场,前期和后期工程完工时均应做好清理工作,做到工完场清。

（14）油漆进场前,应对所布强电、弱电进行一次全面复检。

第三节　预　　算

一、预算的概念与格式

1. 预算的概念

在居室设计过程中,不可避免要涉及预算。在这里首先要区分几个概念,预算、报价、决算、合同价格等。

首先是报价,这是从客户的角度来说的,因为这是与他们要出的装修款紧密相关。报价就是设计公司根据客户装修情况,汇总出来以后所报给客户的预算价格,也就是先要有预算,然后才有报价。预算就是根据客户的装修要求而做的关于装修费用各项开支的一种计划。预算要求比较详细,把装修当中可能涉及的各种费用在事先都进行一个合理的规划;报价就是这个规划呈现给客户的总价格。

合同价格就是指装修公司与客户之间达成装修施工协议时,在合同上标注的关于装修费用的总价格。合同价格实际上就是预算的总价格,当然在一定程度上也不完全是预算总价,为了签单,多数装修公司会在预算的基础上给客户打一个折扣,合同价格就是双方商定后的关于装修总费用的一个约定。

决算是相对于预算而言的,预算是一种费用计划,决算就是费用核算。根据合同价格,装修公司开始装修施工,在此期间,可能会发生一些施工项目的变动,如新增项、删减项,这样实际用于装修的费用支出就会发生变化,因此,在装修工程结束以后,公司与客户之间应针对工程实际造价进行核算,也就是决算。最后的装修产品的价格,应当是决算的价格。

以上四个名词之间是相互联系的,客户比较关心报价和合同价格,装修公司比较关心预算价格和决算价格,双方所处的立场不同,因此关注的焦点也不一样。

2. 预算的格式

作为设计师需要通过制作合理的预算来吸引客户达到签单的目的,同时也要为公司追求利润。这里说的预算,是关于预算的书面说明。预算书从内容上,分为以下几个部分。

（1）封面:封面没有固定的格式,一般是印上公司名称、标志、客户工程地址等信息。这里建议公司制作出内部统一的预算封面和图纸封面、合同封面,其他宣传资料风格也要统一,以形成公司的企业文化。

（2）预算说明:一般来说,应当将预算编制的方式、预算的有效时间及双方关于预算签订、工程施工中出现问题的解决方式等内容写上,以备将来发生纠纷时有章可依。

（3）预算正文:预算正文就是关于客户装修的费用详细计划,一般采用空间统计法,也就是每个空间作为一组,如客厅、餐厅、玄关、过道、主卧、次卧、儿卧、书房、卫生间、厨房、阳台、储藏室等;每一空间内按照所需要施工装修的项目进行单项累计,每一单项一般标上项目名称、单位、数量、单价（或分为材料单价、人工单价）、小计、工艺说明等。为了避免以后发生纠纷,一般在工艺说明当中,都将每一项目的使用材料、材料规格、施工工艺、施工方法等加以说明。

（4）预算补充说明:预算补充说明是指对在预算正文中没有说明或难以说明的项目再进行补充介绍,一般如水路改造、不包括项目等。

（5）选料单:一般是指对于材料的材质、规格、颜色、品牌等,与客户进行确认而由客户填写的单据,并作为施工材料的标准。

（6）主材预算:一般家装预算都是半包预算,

如果家装公司同时设有配套的主材，那么设计师在预算当中，应当插入一页"主材预算推荐"，向客户介绍相适的价位、品牌的主材，并给客户做一个相应的预算，以便给客户形成一个完整的预算。因为前期对于资金的合理分配至关重要，否则有可能造成后期购买主材而使客户经济紧张，或者因购买主材超支而使客户无法负担装修工程尾款。这也是给客户提供的一项附加服务，是帮助客户进行家装理财的一种方式。

（7）装修流程说明：给客户详细介绍装修的施工流程，以帮助客户对装修形成时间概念，从而从容地打理装修，购买主材，配合家装施工。

（8）施工服务说明：给客户详细介绍家装公司、设计师在客户装修期间能给客户提供的各种附加服务项目。

（9）相关信息：例如，当地的一些主材商家信息、装修注意事项等。关于家装的很多内容，我们可能都无法在合同当中一一给客户说明，因此就要利用预算给客户加以补充说明，一方面提高公司的服务水平；另一方面也为解决纠纷提供依据。

二、装修预算项目

以下根据中国部分地区的装修情况，列出常用家装预算项目，仅供参考。

1．施工项目

（1）土建项目——砌墙、拆墙、阁楼楼梯洞口浇铸、墙面保温、防水工程。

（2）地面工程——地面找平、铺地砖、铺地板。

（3）水电工程——水路改造、地暖铺装、暖气改动、电路改造、吊顶布线、空气开关增改、洁具安装、灯具安装、开关插座面板安装。

（4）门窗工程——包门套、封门上窗、包窗套、墙护角、踢脚线、室内门、室内门安装、铝合金（塑钢）窗增加、防盗网安装、防盗门改装、窗台板（过门石）安装。

（5）吊顶隔断工程——单层石膏吊顶、多层石膏吊顶、石膏线、石膏板叠级、木龙骨隔断、轻钢龙骨隔墙、钛（铝）合金隔断滑动门、墙面造型。

（6）家具制作——鞋柜、衣柜、屏风、书柜、书桌、连体书桌（柜）、衣帽间、电视柜、酒柜、吧台。

（7）墙面工程——背景墙、铲除原墙面、墙面处理、墙面涂料、粘贴壁纸。

（8）其他工程——楼梯安装、屋顶工程、门楼工程。

2．空间装修项目

（1）玄关——门套、门、吊顶、鞋柜（鞋衣柜、屏风）、墙面处理、墙面涂料。

（2）过道——吊顶、墙面处理、墙面涂料、哑口套。

（3）客厅——吊顶、背景墙、窗套、窗台面、护角、电视柜、阳台推拉门、窗帘盒、墙面处理、墙面涂料。

（4）餐厅——吊顶、餐桌背景、酒柜（吧台）、墙面处理、墙面涂料。

（5）厨房——铝扣板吊顶（铝塑板）、包下水管、墙砖地砖、水路改造、门套、滑动门。

（6）卫生间——铝扣板吊顶（铝塑板）、包下水管、墙砖地砖、水路改造、门套、滑动门。

（7）卧室——门套、门、窗套、衣柜、墙面处理、墙面涂料、床头背景、吊顶（石膏线、石膏叠级）、窗帘盒。

（8）儿童卧室——门套、门、窗套、儿童床、顶面或墙面造型、墙面处理、墙面涂料、吊顶（石膏线、石膏叠级）、窗帘盒。

（9）书房——门套、门、窗套、书柜（书架）、电脑桌、墙面处理、墙面涂料、吊顶（石膏线、石膏叠级）、窗帘盒。

（10）阳台——墙砖地砖、水路改造、吊顶、墙面处理、墙面涂料。

（11）阁楼——储物柜、墙面处理。

（12）楼梯——楼梯支架、楼梯踏板、楼梯栏杆。

（13）衣帽间——吊顶、整体衣帽间。

（14）储藏室——墙面处理、墙面涂料、储物柜。

（15）车库——车库门改造、储物吊柜。

3．服务项目

（1）材料搬运费，是指材料的运输费、上楼费等。

（2）垃圾清运费，是指现场的装修垃圾清理到物业指定位置的费用。

（3）竣工保洁费，是指装修竣工以后对现场进行开荒、保洁的费用。

（4）主材代购费，是指代客户购买主材所收的服务费用。

4．管理项目

（1）工程管理费，是指装修公司用于整个施工的综合管理费用。

（2）设计费，是指设计师对客户装修的整体设计费用。

5．主材配套项目

主材配套是指家装公司在装修之外，同时给客户进行主材或家居用品的配套服务，这里既包含了主材的采购，也包含了安装和售后服务。一般来说，经常遇到的装修主材配套项目有以下几种。

（1）地板、地砖的采购及安装（铺贴）；

（2）整体厨房的配套；

（3）卫浴洁具的配套（洗手盆、座便、淋浴、手纸盒等）；

（4）灯具开关插座的配套；

（5）五金件的配套（门锁、门吸、门折页、镜片、晾衣架、挂衣钩、拉篮、滑道等）。

三、编制预算书

1．家装项目用料参考

（1）铺地砖、墙砖

主材：地砖或墙砖。

辅材：水泥、沙子、胶水、白水泥或填缝剂。

① 地砖计算方法：根据铺贴面积，先进行铺贴设计，分别以铺贴地段的长和宽除以地砖的长或宽，得出地砖铺贴的行数和列数，然后将行数和列数相乘，就得出地砖的实际需要块数。一般来说，购买地砖时以实际需要的块数购买就可以，在此基础上，为防止铺贴过程当中出现损坏，可以酌情增加几块以作为预备。墙砖计算方法同上。不过有时为了考虑铺贴的美观，我们需要考虑主要通道或明显地段采用整砖，那么就应当适当增加一些采购量。

② 沙子使用量：根据地砖或墙砖的铺贴厚度，乘以面积就得出所需沙子的体积，然后按照体积去购买沙子即可。

③ 水泥使用量：地砖铺贴采用干铺法时，一般是以面积乘以系数 0.33，如地砖铺贴面积在 80m^2，那么大约使用的水泥为 25 袋。墙砖铺贴多采用纯水泥湿铺法，因此使用的水泥较多，一般系数是 0.4～0.5。

（2）水路改造

水路改造所使用的材料除主材（座便、洗手盆、洗菜盆、淋浴等）外，主要使用的辅助材料是水管和接头、生料带、玻璃胶等。水管按照实际改造的线路（直线行走、直角转弯）计算，接头按照转弯的数量和分支接管的数量进行统计。

（3）电路改造

电路改造根据电器功率的不同和使用的数量，对于电线的要求是不一样的。一般来说，家庭装修主线路的改造和空调线路多采用截面积 4mm^2 的国标电线，插座线路的改造和主要灯线的改造多采用截面积 2.5mm^2 的电线，各自根据实际的使用数量购买即可（墙面开槽采用直线行走、直角转弯，棚面行走按照灯位长短进行计算）。电路改造当中墙面开槽使用 PVC 硬管布线固定或采用轻钢硬管布线固定，棚面布线采用蛇皮软管穿线，根据实际使用数量购买即可。开关面板、插座面板根据实际更换或新增的数量进行购买。

（4）木制品

普通门套约使用细木工板 1/2 张，面板 3/5 张，现场制作普通造型门所需细木工板约 2/3 张，面板 2 张（剩余部分用门套即可）；电视地台约用细木工板 1.5～2 张，面板 1 张；鞋衣柜（1200mm×2200mm×380mm）约用细木工板 1.5 张，五厘背景板 1 张；衣柜（1600mm×2550mm×600mm）约用细木工板4张(含上柜门)、面板2张、背板2张(剩余部分可做电视地台背板)。

(5)墙面处理

墙面处理所用的材料主要是嵌缝石膏和腻子粉、绷带、白乳胶、内墙涂料和壁纸。嵌缝石膏根据吊顶的面积和墙面破损的程度而定,一般使用的数量是1~2袋,成品腻子粉的使用数量是100m²房屋约10袋。内墙涂料的用量根据不同的涂料品牌和涂料种类,100m²房屋使用普通涂料(18L)约1.5桶。如果墙面粘贴壁纸,则壁纸的使用数量根据实际使用的面积计算出来即可,购买时根据施工情况稍微增加几平方米。

(6)油漆饰面

木器漆的使用根据现场施工的木制作数量而定,一般100m²左右的房屋,室内门不超过5套,家具如电视地台、衣柜、书柜、鞋柜、墙面部分用木材制作造型,底漆用量大约在3组(9升装),面漆用量在2组(9升装)。

(7)吊顶

家装普通石膏吊顶所需材料为木方、石膏板、自攻钉、白乳胶等。客餐厅造型吊顶其中木方的使用量大约是2~3根/m²,石膏板则按照实际吊顶的面积除以单块石膏板的面积(一般为3.6m²)得到需要购买的块数,可以在此基础上,根据材料损耗的程度多买1张或2张。自攻钉、白乳胶等辅材根据实际情况处理。

(8)台面

窗台面或橱柜台面一般采用大理石或人造石较多,其辅助安装材料为理石胶、玻璃胶。橱柜台面如果选用人造石一般按照延长料计算,宽度规格不超过600mm,窗台面及大理石一般按照平方米计算,大理石还需要加上加工费(如磨边费、开孔费、开水盆槽位费等)。

2. 项目人工参考

以下项目施工人工参考为1人/d(d代表天)。

(1)瓦工

砌单墙大约为8~10m²/d,含抹灰大约为5m²/d,铺地砖大约为12~15m²/d,铺墙砖大约为10~12m²/d,铺踢脚线大约为30~40m/d。

(2)木工

包门套大约为1个/d,制作室内门大约为1扇/d,安装室内门(含锁具门吸)大约为3~4扇/d,包窗套大约为2个/d,包大哑口套大约为1个/d,包造型哑口套大约为2个/天,吊客厅简单造型顶大约为5~7m²/d,吊复杂造型大约为3~5m²/d,石膏线石膏叠级大约为40m/d,简单背景墙制作大约为1个/d,简单电视柜制作大约为1个/d,单纯鞋柜大约为1个/d,鞋衣柜(屏风)大约为1个/2d,普通无门衣柜大约为1个/1.5d,带上门衣柜大约为1个/2d,含水量上下门大约为1个/3d,无门书柜(1200mm×2200mm)大约为1个/d,含水量上下门大约为1个/2d,包暖气大约为4m/d,PVC吊顶大约为10~15m²/d,铝扣板吊顶大约为8~12m²/d,铝塑板吊顶大约为4m²/d,包管大约为4~6m/d,铺复合地板大约为40m²/d,铺实木地板大约为8~10m²/d。

(3)油工

墙面处理大约为100~120m²/d,墙面涂料滚刷大约为80~100m²/d,铲除墙面大约为150m²/d,木器漆根据装修项目的复杂程度而定。

(4)水暖工

一般性的普通家庭水路改造一天即可完成,卫生间水路全面改造约一天,地暖铺设3人合作约3天完成(含找平),洁具安装一天即可完成。

(5)电工

一般性的家庭电路改造大约为2~3天,开关插座和灯具安装大约为2天,灯具较为复杂的后期安装大约需要3天。

3. 付款方式

目前家装行业的付款方式有两种,一种是先付款后施工,工程款一般分四期。

(1)预订期:客户缴纳一定的设计订金,一般为500~3000元不等。订金一般情况下是不退的,客户如果签订施工合同,就作为首付款的一部分;客户如果交纳设计订金后不签施工合同,这个订金一般情况下就作为设计费用,公司和设计师各分一部分。

（2）首付款：一般在合同签订当日或3天时间内交付,首付款的比例会有所不同,大部分是60% ~ 65%。客户缴纳首期款后,家装公司才开始进行施工准备。

（3）中期款：指在工程施工进度过半或木工制作部分完成后支付的工程款项,一般比例在30% ~ 35%,家装公司应当在工程过半或木工制作完成后,由施工监理邀请业主对前面施工的部分进行验收,验收合格,由公司财务或工程监理向客户下达中期款通知书,客户应当在指定时间内交付中期款,客户如果不及时交付中期款,家装公司一般会以停工等形式与客户进行交涉。中期款交付时间以工程进度过半或木工制作完成为准,由双方在施工协议中标注。

（4）工程尾款：指工程施工结束后,双方进行验收,若验收合格,客户支付剩下的款项,一般比例在5%左右。客户如果不支付尾款,家装公司一般不开具保修单,也就是说客户放弃保修的权利,家装公司对工程质量不作保修。

另一种付款方式是先施工后付款。这种方式即是指家装公司先期垫资施工,然后干一部分收取一部分工程款。这种付款方式,目前没有统一的支付比例,有的是水电施工结束后支付30% ~ 50%,然后进行瓦工施工或木工施工,工程结束后支付30% ~ 35%；油工结束以后支付20% ~ 30%,最后是整体验收合格后,支付余款。先施工后付款对于客户而言,是一种比较安全的操作方式,但家装公司在前期就需要垫一部分资金,如果同时施工的客户量很大,家装公司的风险也随之加大。

第三部分

创意设计

第五章
设计效果的表达

第一节　手　绘　表　现

　　手绘是室内设计的基础，是设计师交流的语言，也是室内设计的灵魂，要想成为一名方案设计师，在与客户洽谈中快速表现设计想法，手绘效果图的技能不可或缺，手绘效果图主要是在概念设计、出方案阶段使用的较多，手绘效果图方案把握得好坏直接关系到设计的成败。

　　快速手绘一定要设法充分而有力地反映出家装设计师的方案设计意图。这是设计师在接单时为客户所做的手绘效果图，如图5-1～图5-13所示为快速手绘表现图。设计师用平面图、剖视图及透视效果图充分表现了空间关系及细部的处理手法。为了进一步清楚地表现，还可以在图纸上面表现一些细部节点样式和做法。设计师需要很好地把握快速徒手画，并表现图中艺术性、科学性与真实性的关系。

　　快速手绘表现图往往都具有独特的艺术审美价值和感染力。当客户看到设计师精彩传神的快速手绘效果图时，不禁会发出由衷的喜悦和兴奋，对自己心中未来"家"的想象会变得更加清晰和向往，他们往往会因此对设计师提供的设计方案发出强烈的期望，产生一种想尽快拥有它的渴望。

✿ 图5-1　餐厅手绘表现

⬆ 图5-2　餐厅及客厅的手绘表现（一）

⬆ 图5-3　餐厅及客厅的手绘表现（二）

⬆ 图5-4　就餐区手绘表现

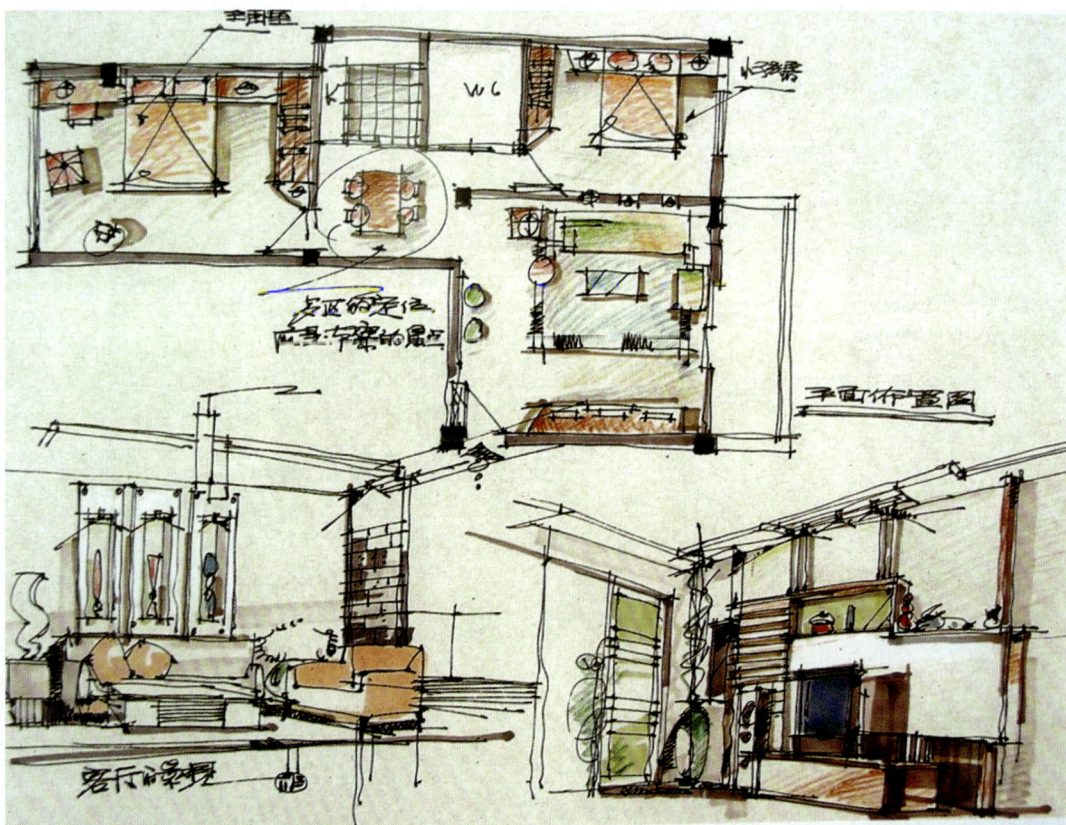

⬆ 图5-5　平面及客厅的手绘表现

图5-6 书房手绘表现

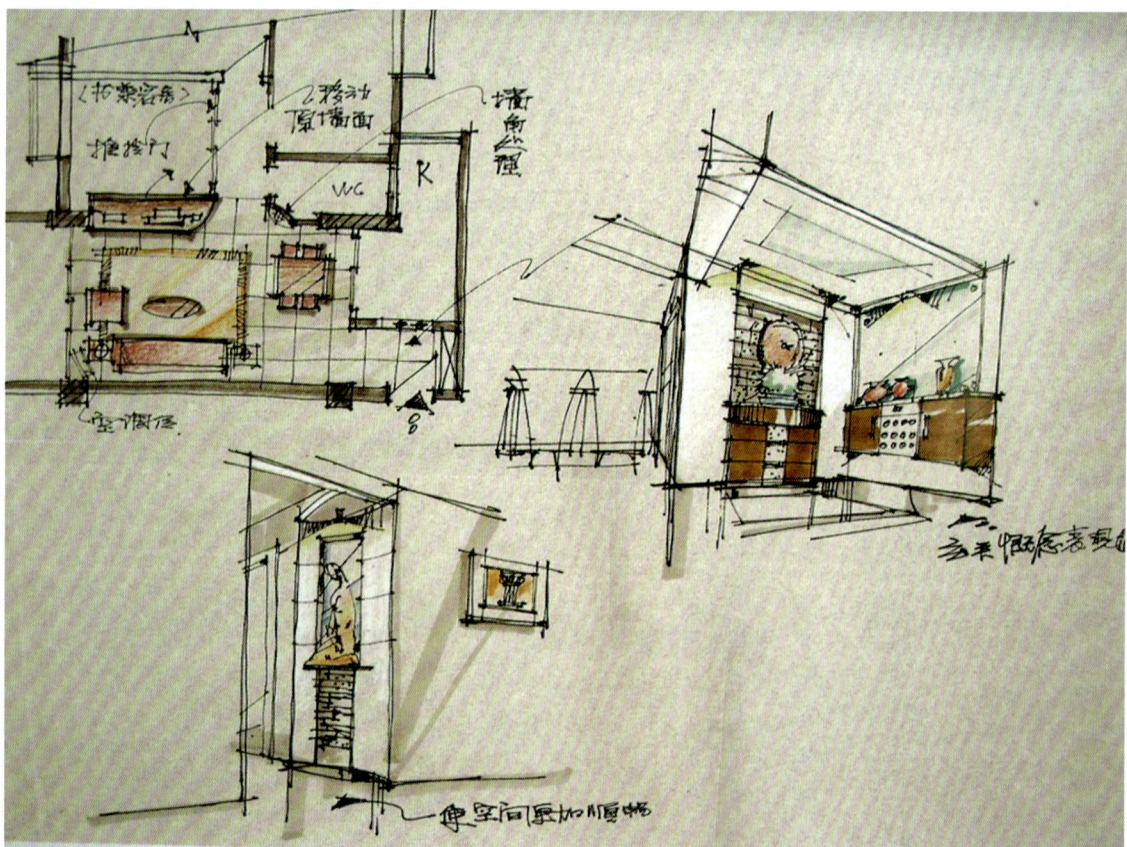

图5-7 客厅手绘表现（一）

图5-8　客厅手绘表现（二）

图5-9　客厅手绘表现（三）

图5-10　客厅手绘表现（四）

图5-11　客厅手绘表现（五）

图5-12 客厅手绘表现（六）

图5-13 卧室手绘表现

第二节　计算机效果图表现

计算机效果图能够表现出准确的空间透视，并表现出精确的空间尺度，包括室内空间界面的尺度，装修构造的尺度，家具陈设的尺度以及家具、设备、陈设、绿化与人的比例关系等，还要表现材料的真实固有色和质感，尽可能地真实表现光和物体阴影的变化。对于这些真实的表现，恰恰是计算机表现的长处。

如图 5-14～图 5-25 所示为计算机效果图的表现。

图5-14　客厅的计算机效果图表现（一）

图5-15　客厅的计算机效果图表现（二）

图5-16　客厅的计算机效果图表现（三）

图5-17　客厅的计算机效果图表现（四）

图5-18　客厅的计算机效果图表现（五）

图5-19　客厅的计算机效果图表现（六）

⬆ 图5-20　客厅的计算机效果图表现（七）

⬆ 图5-21　客厅的计算机效果图表现（八）

⬆ 图5-22　客厅的计算机效果图表现（九）

⬆ 图5-23　餐厅的计算机效果图表现

⬆ 图5-24　卧室的计算机效果图表现（一）

⬆ 图5-25　卧室的计算机效果图表现（二）

第六章
设 计 实 践

第一节　调研与测量

一、项目现场的记录与测量

　　在地域条件具备的情况下,设计师应对项目现场进行实地勘察,勘察的内部情况客观详细地记录于原始建筑图中。在对室内空间进行观察时,要马上在脑海里构筑起一个相同的空间,而以后就要在这个想象的空间里进行设计,这就要求设计师有很好的记忆力和空间想象力。也可借助相机对空间进行记忆,拍摄多角度的现场实景照片,对场地进行记录。

　　(1)记录下各窗户的外部环境,便于划分内部空间时考虑朝向、光照、通风和景观等因素。要注意观察窗外的风景对室内的影响,比如哪个窗户能看到宅间绿地,哪个窗户能看见远方的美景,或者哪个房间会被周围的建筑物挡住而光线差,哪个窗户能被对面建筑的人看见等。这些情况都需要——记录下来,为以后的设计做好准备。如图 6-1 所示。

　　(2)仔细考察建筑的结构,考虑将来装修结构的固定和连接方式。

　　(3)检查楼板和天花是否有裂缝或漏水,窗户的接合处是否紧密,窗户的开关是否顺畅等建筑质量方面的问题。如有问题应作以记录,提前告知客户,商讨解决方法。

　　(4)对一些较特殊的位置和结构(如特别低的梁和设施,妨碍空间的管道等)进行现场装饰处理的构思,如图 6-2 和图 6-3 所示。

⬆ 图6-1　注意窗外的风景

⬆ 图6-2　注意梁的位置

⬆ 图6-3　注意管道的位置

（5）注意原始平面图所示的实心墙体和柱子部分就是承重结构。设计者在进行室内设计时，绝对不能破坏原承重结构，不是承重的墙体则可以适当进行拆除或移位。

（6）细节部位尺寸需仔细测量并记录，包括如下方面。

① 窗户的宽度和高度以及离墙距离的测量，如图6-4所示。

② 管道外包墙体的尺寸、裸露的管道尺寸的测量及预计装修方法，如图6-5所示。

③ 厨房油烟管道和煤气管道的位置和尺寸的测量。

④ 卫生间下水口和排污口的位置和尺寸的测量，如图6-6所示。

图6-4 测量窗户及窗台的尺寸

图6-5 测量裸露的管道尺寸

图6-6 测量卫生间下水口和排污口的位置和尺寸

二、与客户的前期沟通

在与客户进行前期沟通时要掌握的信息主要有四个方面。

（1）充分了解客户对室内空间的使用要求。客户的使用要求将决定空间的性质，并产生相应的设计要求。

（2）了解客户的审美倾向。设计师在与客户交谈的过程中应了解客户的审美情趣，进而因势利导，影响和提高客户的审美倾向。

（3）了解客户的投资估算和投资定位。客户的投资估算和投资定位往往决定了空间的服务对象和所需的设备及功能特性。

（4）对某些特殊处理要与客户达成共识。在交谈的过程中，应该与客户对特殊环境问题的处理进行讨论，如有些建筑本身的结构制约等。对此，设计师应事先告知客户，以征求他们的意见。

第二节 平面图设计

结合场地户型实际特点，以及业主职业、文化背景、家庭成员、兴趣爱好和实际要求等提出设计理念。比如户型的结构,家庭人口数量、年龄、性别,每间房屋的使用要求、个人爱好、生活习惯等;准备添置设备的品牌、型号、规格和颜色等;插座、开关、电视机、音响、电话等日后摆放的位置等;想要留用原有家具的尺寸、材料、款式、颜色等;家庭主妇的身高、她所喜好的颜色等;业主特别喜欢的造型、布置、颜色、格调等;将来准备选择的家具的样式、大小等;其他特殊要求等。根据这些具体要求进行平面功能区的划分和平面布置,使空间适合居住者的日常活动。

平面图分为原始平面框架图、平面改造图和平面布置图。平面框架图指未装修前的原始空间,如图 6-7 所示。平面改造图指经设计师修改后的平面框架,需标明要拆除的墙体的尺寸和新建墙的尺寸。平面布置图是平面图设计的重心,所有需要设计的主要内容都在平面布置图上,还要满足业主特殊要求或需要的空间,比如特定的衣帽间的位置;满足视听需求的视听空间以及音响等设施的走线布置;书房、画室或琴房的布置等。另外住宅地面设计通常较为简单,地坪的设计也可以在平面图上标注。下面以首创国际某户型空间为例所作的平面图设计,如图 6-8 所示。

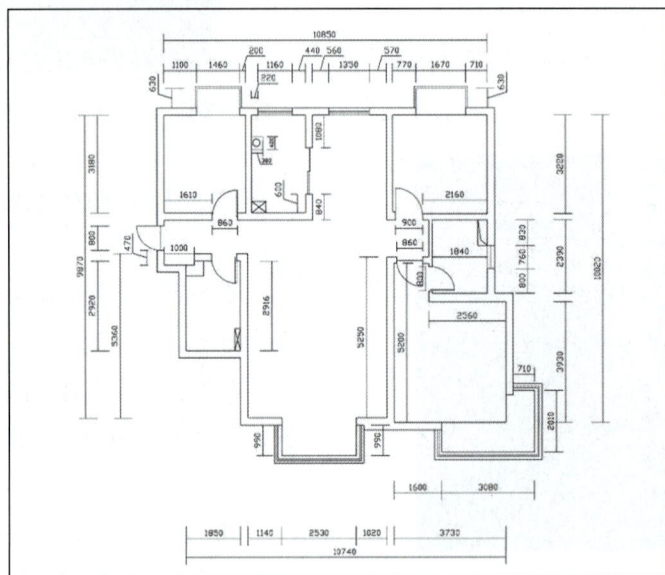

图6-7　原始平面尺寸图

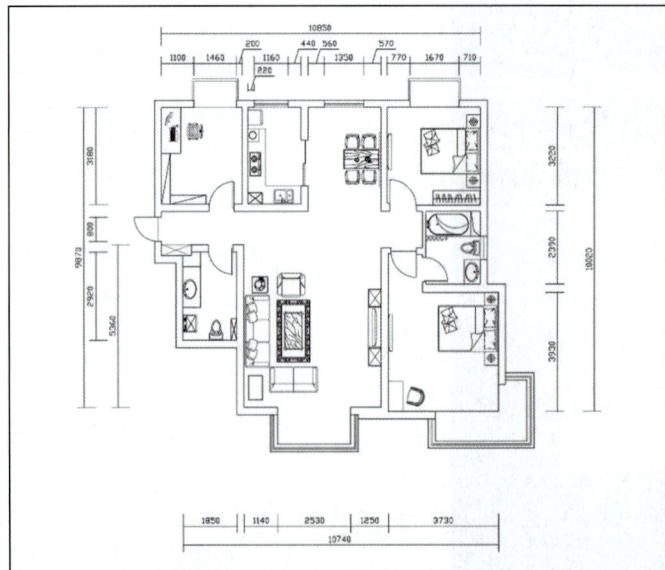

图6-8　平面布置图(吕从娜)

第三节 概念形成与表达

方案设计效果的表达是在方案草图的基础上进行整理和调整,并将方案完整地用效果图的形式表现出来,同时利用口头和文字两种方式表述方案。

绘制手绘效果图或电脑效果图,应选择透视方式及视角,注意空间感、光影关系、氛围的表达与表现,做好色彩和质感的处理,细化饰品、植物的表现。利用口头和文字两种方式表述方案设计思维。与客户沟通并利用口头形式表述方案,将自己的设计意图及设计效果告知客户,以得到客户的认可与赞同。

下面以首创国际某户型空间为例,进行效果图设计的说明。

1. 玄关设计

玄关设计采用了圆形的吊顶,营造天圆地方的设计理念。吊顶内藏虚光灯带,可打造不同的层次。中间选用了枝形吊灯,在满足了照明需求的同时,为整个玄关增添了浪漫气氛。左边设置了内置式衣帽柜,可满足主人的功能性需求。采用白色的柜门设计,使其与墙面浑然一体。中间做虚空设计,可以满足小物件的收纳要求,并起到很好的装饰作用,活跃了整个玄关空间。地面采用米白色玻化砖辅以黑色收边,拉伸了层次感。如图 6-9～图 6-11 所示。

图6-10 玄关现场照片

图6-11 玄关与客厅的衔接(吕从娜)

客厅设计采用简洁的现代风格,能够体现现代的生活气息。电视背景墙用石膏板做了简洁的凸出造型,凸显主墙面的重要性。配以凹入的灯槽设计,既丰富了顶面设计,又为照明巧妙地提供了位置。顶棚选用水晶吊灯,可增添华丽的浪漫气氛。另有三个小射灯,给沙发背景墙的装饰画进行照明。沙发选用白色布艺沙发,呈 U 形布置,形成围合式的会谈区。地面选用白色玻化砖辅以地毯,更能划分围合区域,如图 6-12～图 6-15 所示。

3. 餐厅设计

餐厅设计也延续了简洁的方形吊顶,中间用直照桌子的吊灯满足照明需求。主墙面用相框式镜面装饰,增加了空间感。一桌四椅的选择也满足了功能性的需求,如图 6-16 和图 6-17 所示。

图6-9 玄关的设计(吕从娜)

图6-12　客厅的设计（一）（吕从娜）

图6-13　客厅的设计（二）（吕从娜）

图6-14　客厅的设计（三）（吕从娜）

图6-15　客厅现场

图6-16　客厅与餐厅的衔接（吕从娜）

图6-17　餐厅的设计（吕从娜）

第四节　预　　算

各种类型的预算书如图 6-18 ～图 6-22 所示。

施 工 工 程 明 细 表

工程地址：首创国际	建筑面积：	客户姓名：	电话：	设计师：

备注说明：

1	为了维护您的权益，请您不要接受任何口头承诺，任何口头承诺均属无效。
2	装修许可证及抵押金、施工人员入园证及押金等相关费用、事宜由甲方负责。
3	施工项目以此工程明细表为准，未包含项目均由甲方提供或甲方委托乙方代购，效果图为辅助参考。
4	模拟专业放线系统需甲乙双方到场确认施工标准，乙方日后所有施工以放线为准，因甲方原因造成施工二次改动，所发生费用由甲方承担。
5	此施工项目内不含网络宽带进户、可视对讲移位（由小区物业负责）、煤气主管线改造（由煤气公司负责）、水钻打孔。
6	鉴于客户安全和国家施工规范要求，乙方不负责承重墙拆改/配电箱/水表/上下水主管道/烟道及排风道改造。如甲方强制要求乙方拆改，需签定相关协议，乙方只负责施工不承担任何相关责任及处罚。如需复原则甲方自行承担费用。
7	如园区有包园现象或住宅电梯不可用，项目中（沙子、水泥、红砖、夹心板、石膏板、腻子粉等材料搬运上楼，残土搬运下楼）产生的搬运费、吊装费全部由甲方负责。如园区有包园，乙方力工砸墙费用已收情况下，按实际收取费用全额退还甲方，力工砸墙由甲方责任。
8	园区进不去车的情况下，发生二次搬运时一次性增加300元园区搬运费。乙方负责将垃圾运至小区指定地点，如需运出小区，所发生费用由甲方承担。
9	如甲方要求乙方铺设波化砖上墙及仿古砖，需要瓷砖粘贴剂及厂家加工费时，其由甲方负责。如甲方购砖不确定产品尺寸规格，应按实际购砖规格补齐预算差额后，乙方再进行施工（详见瓷砖铺设工艺做法及材料说明）。
10	施工中室内铺设地板位置如改铺地砖或发现原始地面不符合地板铺设条件需要地面找平时，其费用另计由甲方先行支付再行施工。
11	施工中甲方定制成品门情况下，如需要门口夹心板木基层处理，其费用另计，由甲方先行支付再行施工。
12	施工中如发生增项，需甲方与乙方签定施工增减项变更单，交付增项款后，再行施工。如发生减项，减项额度不能超出总工程款5%。如超出甲方需交付乙方该减项款的30%违约金，再行施工。
13	甲方按合同工程进度付款，若甲方延期付款，乙方有权停止施工，乙方不承担因此所引起的工期延误及各种责任和损失。甲方须将全部工程款项结清后，可享受乙方提供保洁一次及保修，否则乙方有权不予保洁及保修。
14	甲方交付工程款及相关款项需要乙方正式收据作为凭证，否则视为无效。
15	甲方签署后，表示对此工程明细表的价格、工艺及各条款认可，并自愿承担相关法律责任。
16	所有工程项目施工结束，甲乙双方清算增减项目交尾款后，甲方到乙方处开发票并补交7.1%税金。最终解释权归装饰工程有限公司所有。

甲方确认：	乙方：

图6-18　施工明细表说明

序号	工程项目名称	单位	数量	单价	总价	工艺做法及材料说明
1	基层大白铲除	m²	279.00	2	558	A：铲除原墙皮大白人工费。B：仿瓷大白不需铲除。C：如仿瓷大白、非亲水性涂料铲除为10元/m²。按展开面积计算。原墙体工业大白环保指数不达标。
2	界面剂滚涂处理	m²	279.00	3	837	A：人工费。B：用界面剂滚涂一遍。增加附着力。
3	棚面石膏基底	m²	279.00	7	1953	A：人工费。B：303嵌缝石膏棚面大面找平处理，满刮石膏一遍。
4	棚面环保腻子粉（合格标准）	m²	279.00	7	1953	A：人工费。B：303环保腻子粉，满刮两遍。
5	阴阳角找直处理	m	68.00	2	126	A：人工费。B：人工弹线测出参照点，铝方管模型固定。C：阳角采用独有阳角找直模具，保证所有阳角横平竖直。
6	整体墙棚面砂纸打磨处理	m²	279.00	2	558	A：人工费。B：整体墙棚面砂纸打磨处理。使整体墙棚表面光滑、平整，易于后期乳胶漆施工，达到最佳处理效果。
7	砸墙	m²	7.20	150	1080	A：无齿锯切割，力工刨砸，横平竖直。不含捣制墙拆改，不含残土下楼。B：如园区有包园现象，此项目由甲方负责。C：不足1m²按1m²计算。
	小计				7075	

施工部位：门厅/玄关

序号	工程项目名称	单位	数量	单价	总价	工艺做法及材料说明
1	石膏板吊曲线边棚（宽度500mm以内）	m	3.80	110	418	A：木方（规格22mm×38mm）做底龙骨。B：纸面石膏板，表面自攻钉固定，宽度500mm以内。C：石膏板接缝处填接缝王，粘施工乐绷带加固。立面高度超过200mm按展开面积计算。轻钢龙骨做底，龙骨加收25元/m²。
2	玄关造型柜	m²	11.00	320	3520	工艺一：森枫夹心板做框架及搁板，九里板做背板，表面红樱桃饰面装饰，实木线收边。工艺二：森枫夹心板做框架及搁板，九里板做背板，奥松板饰面及收边装饰，饰面板批刮原子灰，打磨平整。
3	油饰（白混色漆）	m²	3.50	240	840	按施工实际展开面积计算。华润牌顶级金钻雅家耐黄变白面漆，底漆手刷5遍，打磨，面漆3遍。
4	柜内波音软片	m²	7.60	25	190	枫木色波音软片铺贴。
5	烤漆玻璃	m²	0.20	580	116	
	小计				5084	

施工部位：过道（含两卧之间）

序号	工程项目名称	单位	数量	单价	总价	工艺做法及材料说明
1	石膏板吊平棚	m²	6.70	100	670	A：木方（规格22mm×38mm）做底龙骨。B：9.5mm洛斐尔纸面石膏板，表面自攻钉固定。C：石膏板接缝处填接缝王，粘施工乐绷带加固。立面高度超过200mm按展开面积计算。轻钢龙骨做底，龙骨加收25元/m²。
	小计				670	

图6-19　基础设施及门厅玄关预算书

施工部位：书房、储藏间

序号	工程项目名称	单位	数量	单价	总价	工艺做法及材料说明
1	窗帘暗盒	m	2.80	45	126	A：按施工长度收取费用。B：森枫夹心板做底层、立板，石膏板饰面，滚刷乳胶漆。C：在有石膏板吊棚情况下，按暗盒标准收取费用。
2	双轨滑道及安装	m	2.80	40	112	双轨塑钢轻型滑道及安装。
	小计				238	

施工部位：次卫生间

序号	工程项目名称	单位	数量	单价	总价	工艺做法及材料说明
1	墙面防水	m²	5.60	60	336	A：墙面水泥砂浆找平。劳亚尔防水剂涂刷2遍。B：一般墙面高度500mm以内，淋浴处1800mm以内。C：做24小时蓄水试验。D：按实际涂刷面积计算。
2	地面防水	m²	5.20	60	312	A：地面水泥砂浆找平。劳亚尔防水剂涂刷2遍。B：做24小时蓄水试验。D：按实际涂刷面积计算。
3	包下水管道隔音处理	项	1.00	80	80	采用10mmPEF橡胶板或泡沫隔音棉环形包裹处理。
4	包下水管道	项	1.00	150	150	红砖砌筑，表面抹灰找平。
5	安装洗衣机地漏	项	1.00	0	0	A：甲方提供高级防臭地漏。B：安装费。
6	安装公用地漏	项	1.00	0	0	A：甲方提供高级防臭地漏。B：安装费。
7	洁具及五金挂件安装	项	1.00	100	100	A：人工费。B：（包含座便、手盆、洗面镜、毛巾架、手纸盒、五金挂件等）主材及配件辅料甲方提供。C：单项不需安装，此项收费不退。
8	过门石安装（300mm以内）	m	0.80	50	40	A：人工费，不包括大理石（成品，磨完边）。B：按延长米计算。C：宽度300mm以内。每增加100mm，增加10元。
9	墙体开槽	项	1.00	200	200	A：无齿锯切割，力工刨砸，横平竖直。B：如园区有包园现象，此项目由甲方负责。
10	烟道埋墙	项	1.00	300	300	
	小计				1518	

施工部位：瓷砖铺设及地面找平

序号	工程项目名称	单位	数量	单价	总价	工艺做法及材料说明
1	大厅地面砖铺设	m²	19.00	55	1045	含人工费、机械费、材料费（工源32.5级水泥，沙浆）。注：①600mm×600mm，800mm×800mm仿古砖斜铺，人工费每平米加收35元。②如尺寸为300mm×300mm仿古砖直铺，人工费每平米加收20元；斜铺，人工费每平米加收35元。③如尺寸小于300mm×300mm仿古砖留缝直铺，人工费每平米加收40元；斜铺，人工费每平米加收60元。④如尺寸小于200mm×200mm仿古砖留缝直铺，人工费每平米加收55元；斜铺，人工费每平米加收75元。⑤如铺马赛克，人工费每平米加收85元。
2	餐厅地面砖铺设	m²	8.50	55	467.5	含人工费、机械费、材料费（工源32.5级水泥，沙浆）。注：①600mm×600mm，800mm×800mm仿古砖斜铺，人工费每平米加收35元。②如尺寸为300mm×300mm仿古砖直铺，人工费每平米加收20元；斜铺，人工费每平米加收35元。③如尺寸小于300mm×300mm仿古砖留缝直铺，人工费每平米加收40元；斜铺，人工费每平米加收60元。④如尺寸小于200mm×200mm仿古砖留缝直铺，人工费每平米加收55元；斜铺，人工费每平米加收75元。⑤如铺马赛克，人工费每平米加收85元。
3	过廊地面砖铺设	m²	9.50	90	855	含人工费、机械费、材料费（工源32.5级水泥，沙浆）。注：①600mm×600mm，800mm×800mm仿古砖斜铺，人工费每平米加收35元。②如尺寸为300mm×300mm仿古砖直铺，人工费每平米加收20元；斜铺，人工费每平米加收35元。③如尺寸小于300mm×300mm仿古砖留缝直铺，人工费每平米加收40元；斜铺，人工费每平米加收60元。④如尺寸小于200mm×200mm仿古砖留缝直铺，人工费每平米加收55元；斜铺，人工费每平米加收75元。⑤如铺马赛克，人工费每平米加收85元。
4	厨房墙面砖铺设	m²	21.30	56	1192.8	含人工费、机械费、材料费（工源32.5级水泥，沙浆）。注：①600mm×600mm，800mm×800mm仿古砖斜铺，人工费每平米加收35元。②如尺寸为300mm×300mm仿古砖直铺，人工费每平米加收20元；斜铺，人工费每平米加收35元。③如尺寸小于300mm×300mm仿古砖留缝直铺，人工费每平米加收40元；斜铺，人工费每平米加收60元。④如尺寸小于200mm×200mm仿古砖留缝直铺，人工费每平米加收55元；斜铺，人工费每平米加收75元。⑤如铺马赛克，人工费每平米加收85元。
5	厨房地面砖铺设	m²	5.80	55	319	含人工费、机械费、材料费（工源32.5级水泥，沙浆）。注：①600mm×600mm，800mm×800mm仿古砖斜铺，人工费每平米加收35元。②如尺寸为300mm×300mm仿古砖直铺，人工费每平米加收20元；斜铺，人工费每平米加收35元。③如尺寸小于300mm×300mm仿古砖留缝直铺，人工费每平米加收40元；斜铺，人工费每平米加收60元。④如尺寸小于200mm×200mm仿古砖留缝直铺，人工费每平米加收55元；斜铺，人工费每平米加收75元。⑤如铺马赛克，人工费每平米加收85元。
6	主卧卫生间墙面砖铺设	m²	30.00	56	1680	含人工费、机械费、材料费（工源32.5级水泥，沙浆）。注：①600mm×600mm，800mm×800mm仿古砖斜铺，人工费每平米加收35元。②如尺寸为300mm×300mm仿古砖直铺，人工费每平米加收20元；斜铺，人工费每平米加收35元。③如尺寸小于300mm×300mm仿古砖留缝直铺，人工费每平米加收40元；斜铺，人工费每平米加收60元。④如尺寸小于200mm×200mm仿古砖留缝直铺，人工费每平米加收55元；斜铺，人工费每平米加收75元。⑤如铺马赛克，人工费每平米加收85元。
7	主卧卫生间地面砖铺设	m²	4.40	55	242	含人工费、机械费、材料费（工源32.5级水泥，沙浆）。注：①600mm×600mm，800mm×800mm仿古砖斜铺，人工费每平米加收35元。②如尺寸为300mm×300mm仿古砖直铺，人工费每平米加收20元；斜铺，人工费每平米加收35元。③如尺寸小于300mm×300mm仿古砖留缝直铺，人工费每平米加收40元；斜铺，人工费每平米加收60元。④如尺寸小于200mm×200mm仿古砖留缝直铺，人工费每平米加收55元；斜铺，人工费每平米加收75元。⑤如铺马赛克，人工费每平米加收85元。
8	次卫生间墙面砖铺设	m²	26.00	56	1456	含人工费、机械费、材料费（工源32.5级水泥，沙浆）。注：①600mm×600mm，800mm×800mm仿古砖斜铺，人工费每平米加收35元。②如尺寸为300mm×300mm仿古砖直铺，人工费每平米加收20元；斜铺，人工费每平米加收35元。③如尺寸小于300mm×300mm仿古砖留缝直铺，人工费每平米加收40元；斜铺，人工费每平米加收60元。④如尺寸小于200mm×200mm仿古砖留缝直铺，人工费每平米加收55元；斜铺，人工费每平米加收75元。⑤如铺马赛克，人工费每平米加收85元。
9	次卫生间地面砖铺设	m²	5.40	55	297	含人工费、机械费、材料费（工源32.5级水泥，沙浆）。注：①600mm×600mm，800mm×800mm仿古砖斜铺，人工费每平米加收35元。②如尺寸为300mm×300mm仿古砖直铺，人工费每平米加收20元；斜铺，人工费每平米加收35元。③如尺寸小于300mm×300mm仿古砖留缝直铺，人工费每平米加收40元；斜铺，人工费每平米加收60元。④如尺寸小于200mm×200mm仿古砖留缝直铺，人工费每平米加收55元；斜铺，人工费每平米加收75元。⑤如铺马赛克，人工费每平米加收85元。
10	整体瓷砖填缝剂（缝隙<1mm）	m²	129.90	2	259.8	希凯填缝剂及人工费，按所有铺设瓷砖面积计算费用。
	小计				7814.1	

✦ 图6-20　书房、次卫及地面铺装预算书

施工部位：客厅

序号	工程项目名称	单位	数量	单价	总价	工艺做法及材料说明
1	石膏板吊平棚	m²	18.00	120	2160	A：木方（规格22mm×38mm）做底层龙骨。B：9.5mm洛斐尔纸面石膏板，表面自攻钉固定。C：石膏板接缝处填接缝王，粘施工乐绷带加固。立面高度超过200mm按展开面积计算。轻钢龙骨做底，龙骨加收25元/㎡。
2	假梁制作	m	4.70	158	742.6	A：局部木方（规格22mm×38mm）底层龙骨，森枫夹心板做框架。B：9.5mm洛斐尔纸面石膏板饰面，表面自攻钉固定。C：石膏板接缝处填接缝王，粘施工乐绷带加固。宽度300mm以内。
3	电视背景墙（局部木作造型）	项	1.00	1200	1200	A：局部木方（规格22mm×38mm）底层龙骨，表面石膏板贴面装饰。B：局部木做造型装饰。C：如贴壁纸须甲方提供及铺贴。D：不含工艺玻璃及安装。如大面积木作，报价必须相应增加。
4	埋设2寸PVC电视穿线管	项	1.00	40	40	埋设2寸PVC电视穿线管。
5	窗帘暗盒	m	4.70	45	211.5	A：按施工长度收取费用。B：森枫夹心板做底层、立板，石膏板饰面，滚刷乳胶漆。
6	双轨滑道及安装	m	4.70	40	188	双轨塑钢轻型滑道及安装。
	小计				4542.1	

施工部位：主卧卫生间

序号	工程项目名称	单位	数量	单价	总价	工艺做法及材料说明
1	墙面防水	m²	9.00	60	540	A：墙面水泥砂浆找平。劳亚尔防水剂涂刷2遍。B：一般墙面高度500mm以内，淋浴处1800mm以内。C：做24小时蓄水试验。D：按实际涂刷面积计算。
2	地面防水	m²	4.40	60	264	A：地面水泥砂浆找平。劳亚尔防水剂涂刷2遍。C：做24小时蓄水试验。D：按实际涂刷面积计算。
3	包下水管道隔音处理	项	1.00	80	80	采用10mmPEF橡胶或泡沫隔音棉环形包裹处理。
4	包下水管道	项	1.00	150	150	红砖砌筑，表面抹灰找平。
5	安装洗衣机地漏	项	1.00	0	0	A：甲方提供高级防臭地漏。B：安装费。
6	安装公用地漏	项	1.00	0	0	A：甲方提供高级防臭地漏。B：安装费。
7	洁具及五金挂件安装	项	1.00	100	100	A：人工费。B：（包含座便、手盆、洗面镜、毛巾架、手纸盒、五金挂件等）主材及配件辅料甲方提供。C：单项不需安装，此项收费不退。
8	过门石安装（300mm以内）	m	0.80	50	40	A：人工费，不包括大理石（成品、磨完边）。B：按延长米计算。C：宽度300mm以内。每增加100mm，增加10元。
	小计				1174	

施工部位：主卧室

序号	工程项目名称	单位	数量	单价	总价	工艺做法及材料说明
1	窗帘暗盒	m	4.60	45	207	A：按施工长度收取费用。B：森枫夹心板做底层、立板，石膏板饰面，滚刷乳胶漆。C：在有石膏板吊棚情况下，按暗盒标准收取费用。
2	双轨滑道及安装	m	4.60	40	184	双轨塑钢轻型滑道及安装。
	小计				391	

施工部位：次卧室

序号	工程项目名称	单位	数量	单价	总价	工艺做法及材料说明
1	窗帘暗盒	m	3.20	45	144	A：按施工长度收取费用。B：森枫夹心板做底层、立板，石膏板饰面，滚刷乳胶漆。C：在有石膏板吊棚情况下，按暗盒标准收取费用。
2	双轨滑道及安装	m	3.20	40	128	双轨塑钢轻型滑道及安装。
	小计				272	

⊕ 图6-21　客厅、卧室预算书

施工部位：餐厅

序号	工程项目名称	单位	数量	单价	总价	工艺做法及材料说明
1	石膏板吊平棚	m²	8.50	120	1020	A：木方（规格22mm×38mm）做底龙骨。B：9.5mm洛斐尔纸面石膏板，表面自攻钉固定。C：石膏板接缝处填接缝王，粘施工乐绷带加固。立面高度超过200mm按展开面积计算。轻钢龙骨做底，龙骨加收25元/㎡。
2	窗帘暗盒	m	2.50	45	112.5	A：按施工长度收取费用。B：森枫夹心板做底层、立板，石膏板饰面，滚刷乳胶漆。
3	双轨滑道及安装	m	2.50	40	100	双轨塑钢轻型滑道及安装。
4	80欧式石膏棚线	m	12.00	35	420	A：成品石膏线，规格为80mm以内。B：安装人工费及辅料，墙角木方做基底上再钉石膏线或用黏粉粘贴。C：超出规格费用，描金另计。
5	餐厅背景墙造型	m²	4.80	600	2880	A：烤漆玻璃正方造型，规格为450mm×450mm以内。B：安装人工费及辅料，收边吸塑相框。C：超出规格费用，描金另计。
	小计				4532.5	

施工部位：厨房

序号	工程项目名称	单位	数量	单价	总价	工艺做法及材料说明
1	过门石安装（300mm以内）	m	1.50	50	75	A：人工费，不包括大理石（成品、磨完边）。B：按延长米计算。C：宽度300mm以内。每增加100mm，增加10元。
	小计				75.0	

施工部位：南阳台

序号	工程项目名称	单位	数量	单价	总价	工艺做法及材料说明
1	防水石膏板吊平棚	m²	3.10	150	465	A：木方（规格22mm×38mm）做底龙骨。B：9.5mm防水纸面石膏板表面自攻钉固定。C：石膏板接缝处填接缝王，粘施工乐绷带加固。D：吊棚面积不足1㎡按1㎡计算。E：防水乳胶漆另计。按展开面积计算。
	小计				465	

⊕ 图6-22　餐厅、厨房及阳台预算书

第五节　流 程 解 读

一、签订合同的流程

客户沟通→达成意向→准备资料→合同解说→签订合同→签订附件→递交合同→合同存档。

签单的阶段划分如图 6-23 所示,各流程涉及的人员如图 6-24 所示。

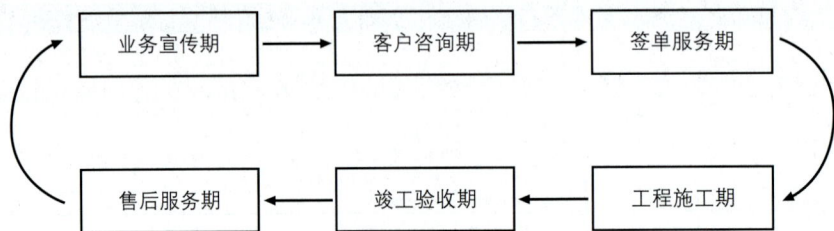

● 图6-23　签单的阶段划分

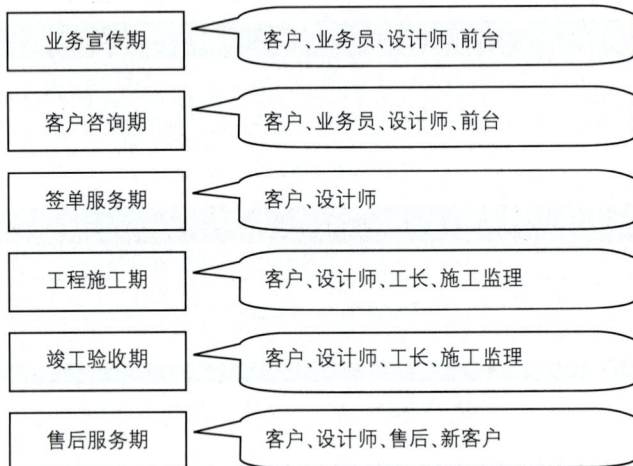

● 图6-24　各流程期涉及的人员

二、设计流程

设计流程图如图 6-25 所示,不同时期设计师的联系对象如图 6-26 所示。

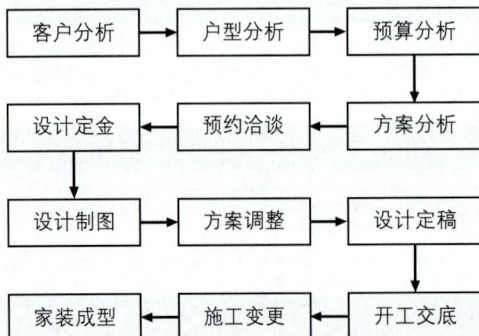

● 图6-25　设计流程图

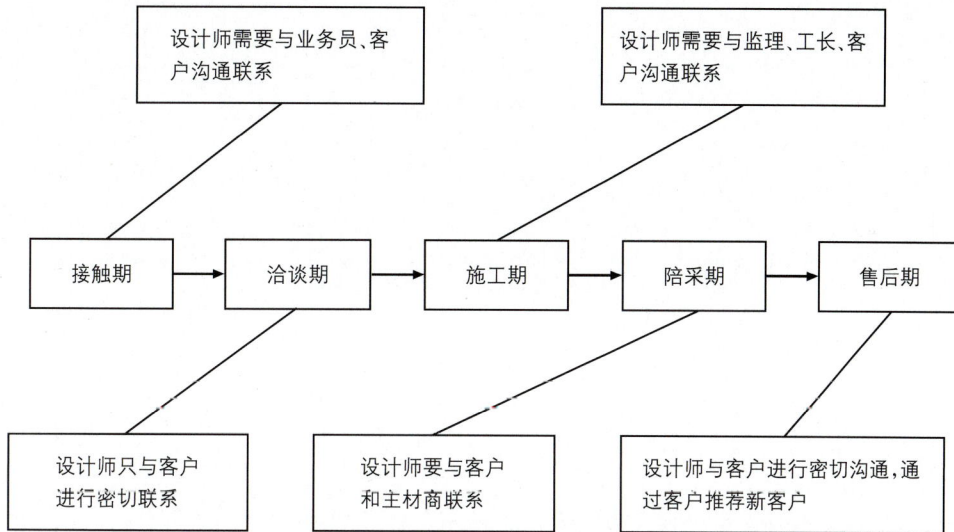

设计师需要与业务员、客户沟通联系

设计师需要与监理、工长、客户沟通联系

接触期 → 洽谈期 → 施工期 → 陪采期 → 售后期

设计师只与客户进行密切联系

设计师要与客户和主材商联系

设计师与客户进行密切沟通，通过客户推荐新客户

图6-26　不同时期设计师的联系对象

第四部分

欣赏品鉴

第七章
优秀设计实例欣赏

第一节　经典设计作品实例

1. 台湾恒光街住宅

设计师：德力设计

恒光街住宅设计以一种沉稳深邃的灰色调作为主体的背景色，让整个空间变得宁静，并有一种朦胧的神秘感。大面积的木饰面，3200K 色温的照明，甚至 6500K 色温的照明，简洁的乳胶漆墙面天花，横平竖直的造型，加以黑色边框设定某个区域。电视背景墙在空间中的处理很用心思，两道隐藏门巧妙地与背景墙结合，并辅以自然粗犷的木饰面，与地面地砖的纹路和质感相呼应，在这样一个灰色点的空间中，有一丝贴近自然的"禅"意。软安装配设也很尊重空间的整体氛围，精良极简。如图 7-1~ 图 7-24 所示。

⬆ 图7-1　电视墙

⬆ 图7-2　电视墙隐藏门

⬆ 图7-3　客厅设计（一）

⬆ 图7-4　客厅设计（二）

图7-5 客厅设计（三）

图7-6 客厅设计（四）

图7-7 餐厅与客厅设计

图7-8 餐厅设计（一）

图7-9 餐厅设计（二）

图7-10 餐厅设计（三）

⬆ 图7-11 餐厅设计（四）

⬆ 图7-12 餐厅设计（五）

⬆ 图7-13 厨房设计

⬆ 图7-14 书房设计（一）

⬆ 图7-15 书房设计（二）

⬆ 图7-16 书房设计（三）

图7-17　书房设计（四）

图7-18　走道设计

图7-19　卧室设计（一）

图7-20　卧室设计（二）

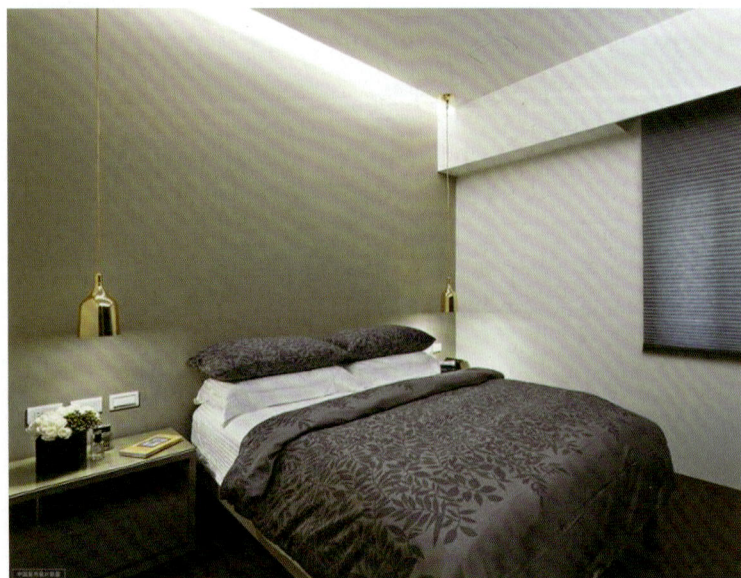

图7-21　卧室设计（三）

图7-22　卫浴间设计（一）

⬆ 图7-23 卫浴间设计（二）

⬆ 图7-24 卫浴间设计（三）

2．宁波维拉小镇美式样板间

维拉小镇是宁波首个湖滨别墅排屋小镇，面对的客户群体为超高端人群，因此样板房在强调奢华感和价值感的基础上，更要体现出居住的品质。

本套样板房的面积为 332 平方米，风格为美式古典风格，主题风格与建筑本身的风格相融合，体现了美式文化，并以此打动客户。设计上追求庄重、自然，无处不在的装饰纹样成就了奢华的气质；摆放讲究的厚重家具、复杂的造型、丰富的布艺装饰、具有古典风格的艺术挂画及吊灯等，极度彰显了居室的雍容华贵；再以精细的后期配饰融入到设计风格之中，使整个居室更加完美。

设计效果图如图 7-25 ～图 7-32 所示。

⬆ 图7-25 客厅设计（一）

⬆ 图7-26 客厅设计（二）

图7-27 卧室设计（一）

图7-28 卧室设计（二）

图7-29 餐厅设计

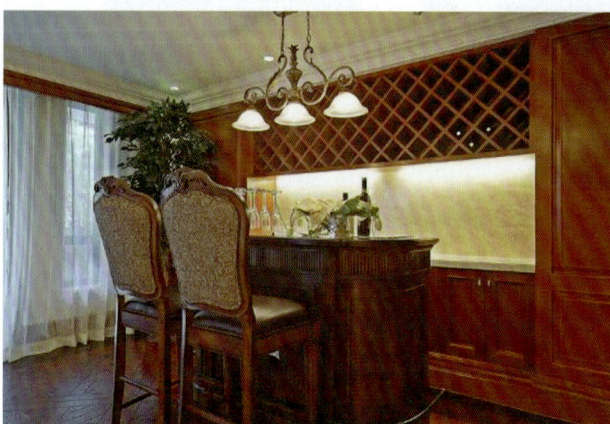

图7-30 吧台设计

图7-31 厨房设计

图7-32 卫浴间设计

3. 军区别墅

设计：沈阳交换空间装饰工程公司

别墅采用欧式风格,整体色调淡雅,用米黄和深咖相间的配色雅致沉稳,符合主人的身份形象。客厅方形吊顶开阔大气,中间配以欧式吊灯,墙面用射灯烘托气氛。欧式家具雍容大气,提升整体品位。主卧室也采用欧式家具,整体和谐。次卧采用现代式风格,满足年轻人的喜好。书房兼做办公空间,色调整体大气。用餐区也满足了多人进餐的要求。

其设计图纸和效果图如图 7-33～图 7-51 所示。

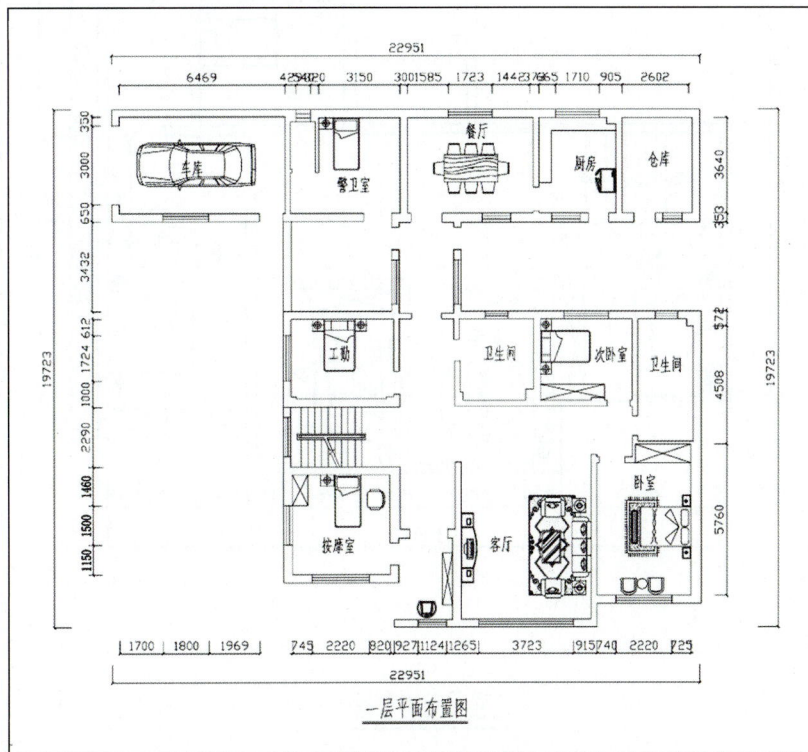

✚ 图7-33 一层平面布置图

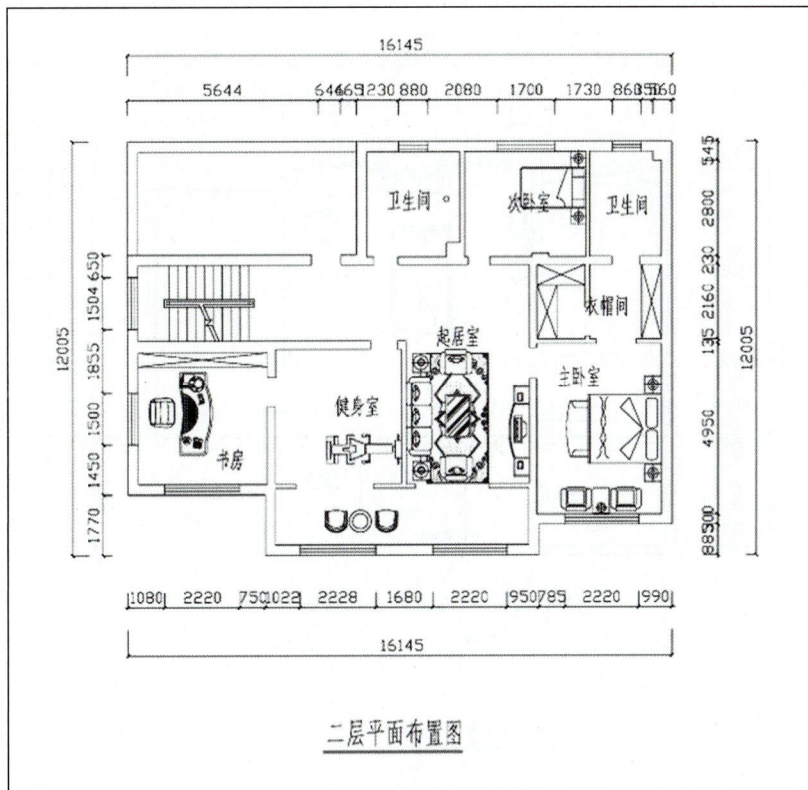

✚ 图7-34 二层平面布置图

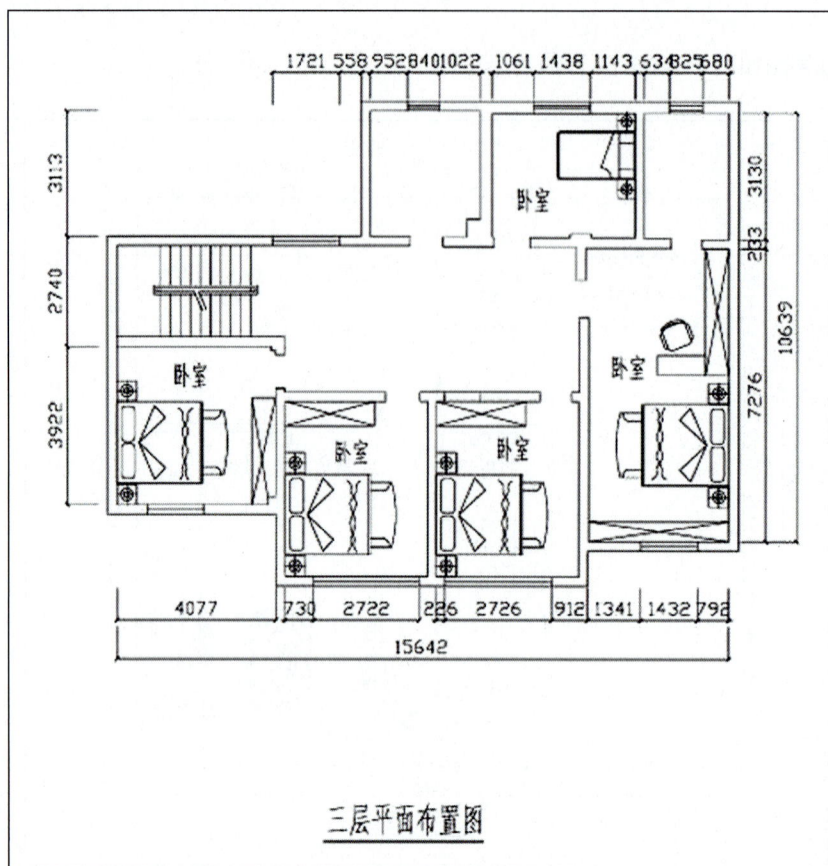

图7-35　三层平面布置图

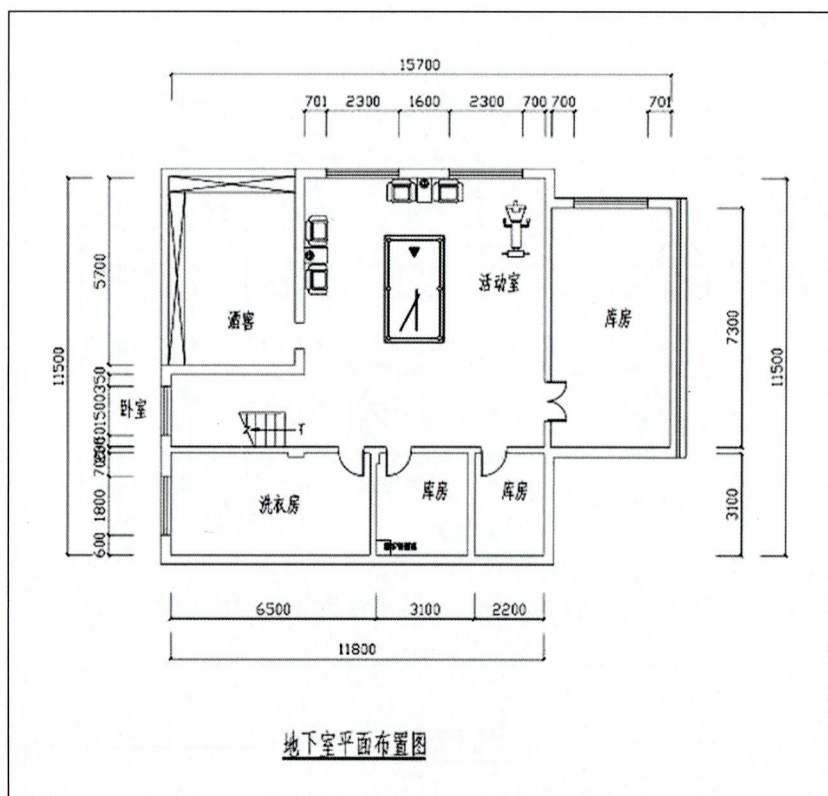

图7-36　地下室平面布置图

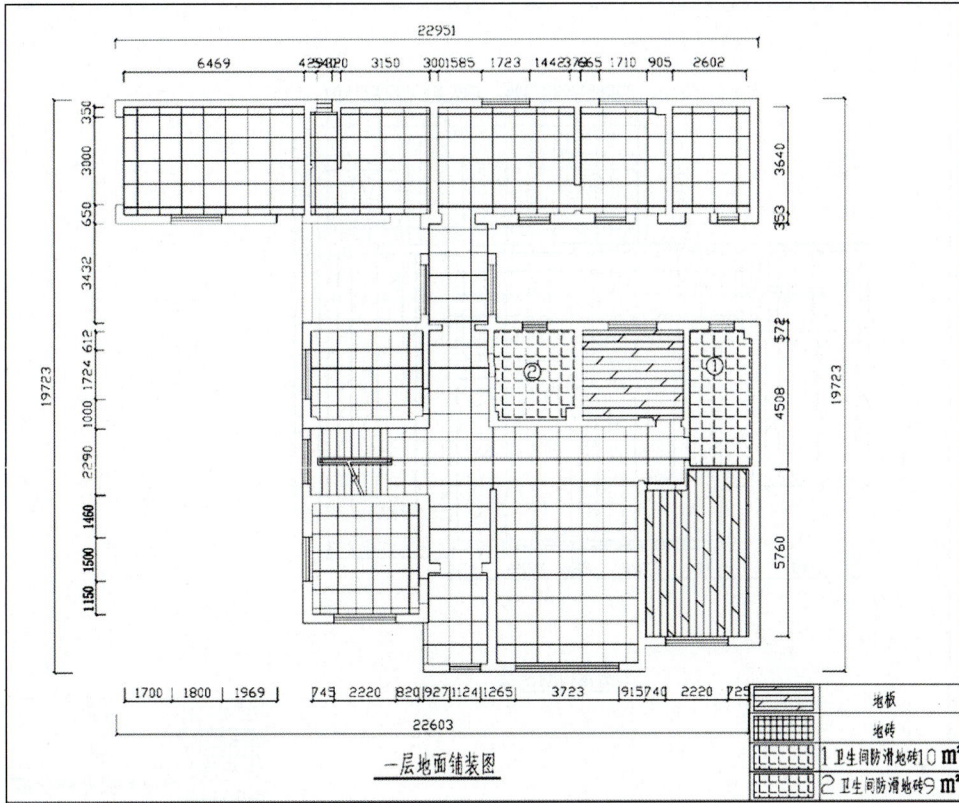

图7-37　一层地面铺装图

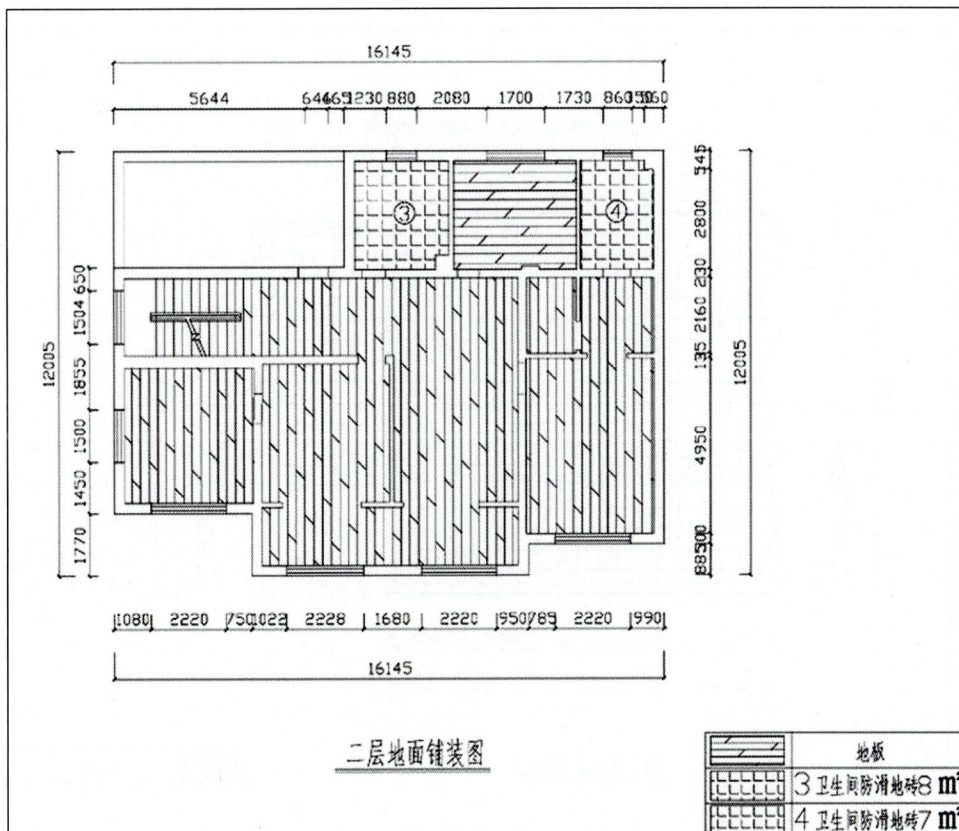

图7-38　二层地面铺装图

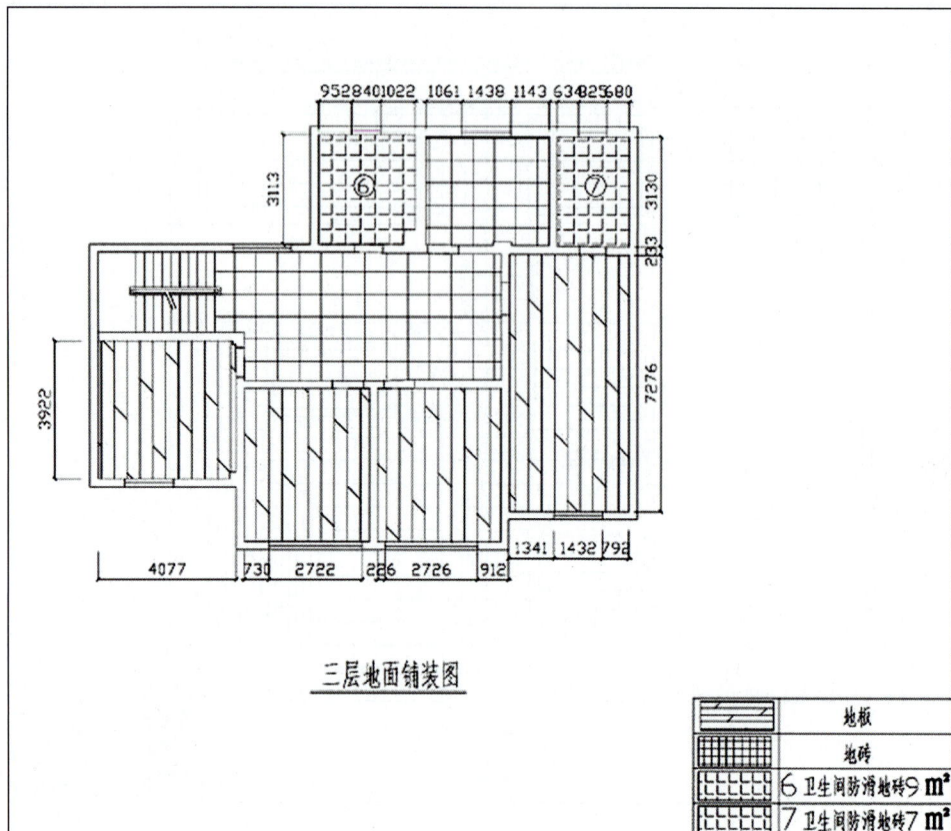

图7-39　三层地面铺装图

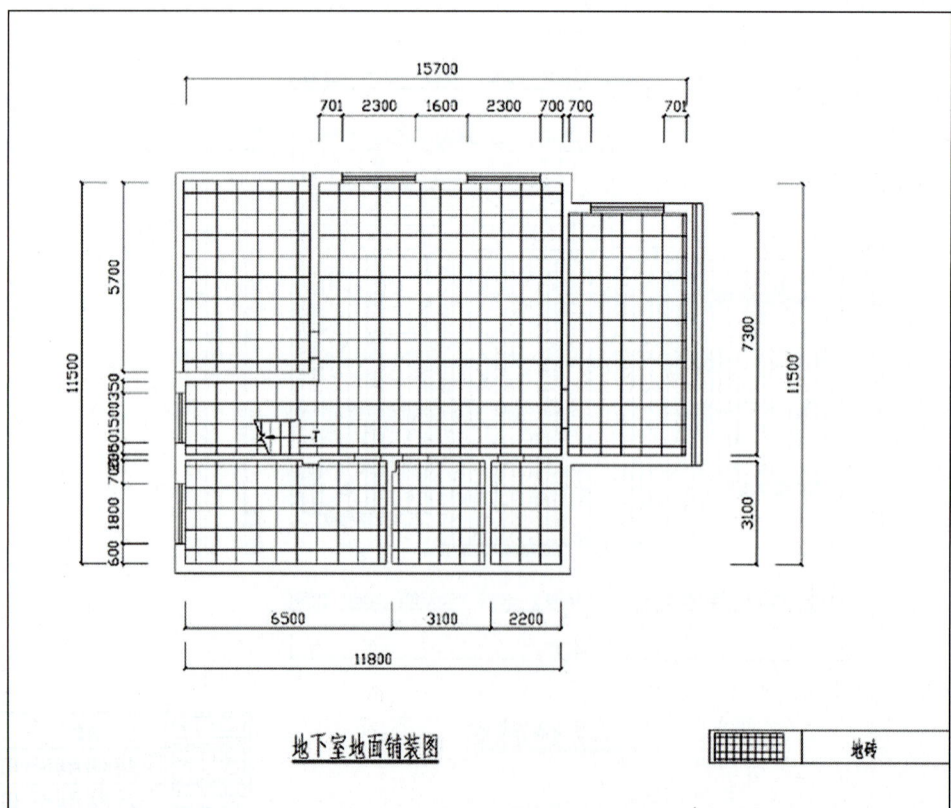

图7-40　地下室地面铺装图

图7-41　玄关设计

图7-42　客厅设计（一）

图7-43　客厅设计（二）

图7-44　客厅设计（三）

图7-45　主卧室设计

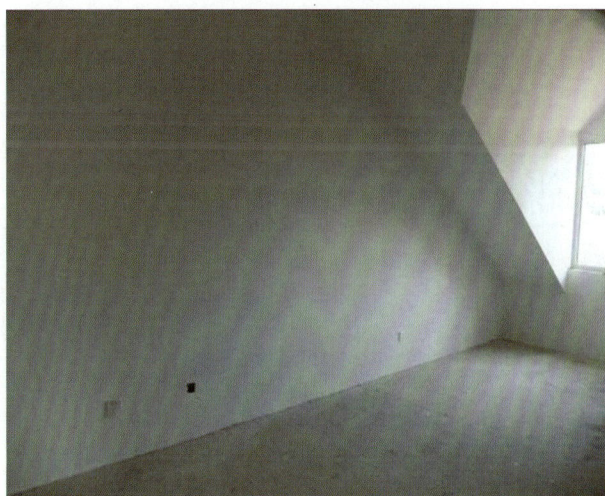

图7-46　次卧室现场

✛ 图7-47　次卧室设计（一）

✛ 图7-48　次卧室设计（二）

✛ 图7-49　餐厅设计

✛ 图7-50　书房设计

✛ 图7-51　卫浴间设计

第二节　学生优秀作品实例

如图 7-52～图 7-73 所示。

🔆 图7-52　学生作品（王晓晨）

室内设计是以人为本，为每人考虑到更多，适合每个人居住和使用；把空间合理运用，达到最好的使用功能；室内设计追求个性和品位，把每个人的性格和生活习惯体现出来。室内设计是根据建筑物的使用性质、所处环境和相应标准，运用物质技术手段和建筑美学原理，创造功能合理、舒适优美、满足人们物质和精神生活需要的室内环境。这一空间环境既具有使用价值，满足相应的功能要求，同时也反映了历史文脉、建筑风格、环境气氛等精神因素。

居住空间设计
——简约中的时尚

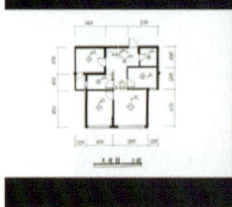

FASHION SPACE

人的一生，绝大部分时间是在室内度过的。因此，人们设计创造的室内环境，必然会直接关系到室内生活、生产活动的质量，关系到人们的安全、健康、效率、舒适等。由于人们长时间地生活、活动于室内，因此现代居室内设计，或称室内环境设计，相对本户型是三室一厨一卫，建筑面积60平方米。本户型设计是以现代简约风格为主。大面积色块以暗色为主要色调体现出时尚温馨感，大厅用白色玄关一分为二，从而将单独的一室分格出一室一厅。客厅、走廊、餐厅、开放式厨房，是一个各功能区域通透、生活能互动、分区明晰而风格共融的大空间关系，在此空间里，现代装饰材料的运用、软装饰各元素的搭配与风格恰到好处的尺度拿捏，在视觉上倍增与扩大了原有建筑空间的同时，形成了场面宏大、震撼的视觉冲击里与空间展示效果。形式上提倡非装饰的简单几何造型，收到艺术上的立体主义影响，推广六面建筑和幕墙架构，提倡标准化原则、中性色彩计划与反装饰主义立场。在具体设计上重视空间的考虑，特别强调整体设计，反对在图板上、预想图上设计，而主张以模型为中心的设计规划，重视设计对象的费用和开支，把经济问题放到设计中，作为一个重要因素加以考虑规划，从而达到实用、经济的目的。此项设计正是做到了这些不但迎合了大众的口味，还在一定程度上引领了未来居住空间设计的潮流。

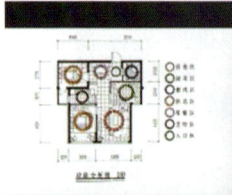

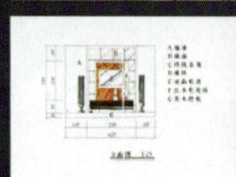

作者：陈晨　　指导教师：赵一

图7-53　学生作品（陈晨）

岁月人生—— 居住空间设计

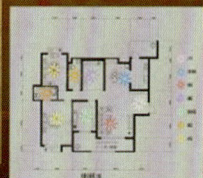

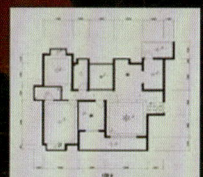

设计说明

此户型是为两口之家设计的，他们既热爱现代家居的简约，又推崇中国古代家居的中庸美，所以按照业主的要求完成了该户型的设计。

该户型的面积总共约200多平米，四室两厅两卫。因为业主对于黄色的热爱和推崇，所以我对于整个居住空间的色调设计采用黄色的色调，完成了在变化中的统一，而且现在正值秋季，黄色的选择也是对于这个萧条季节的补充。

客厅是联结内外和沟通客主感情的主要场所，作为设计师应该考虑空间及其客观因素，在对于卧室的设计，我追求的是功能与形式的统一，曲雅独特与现代简约，使整个空间韵味十足；对于卫生间的设计，业主要求能够满足基本设施的运用，虽然是卫生间，但是业主要能够温馨一点，有种家的感觉；而对于厨房及其餐厅的设计业主的要求是使用得当即可；由于业主对于储物的需求，对于储物室的设计则是满足了业主的需求；业主的书籍很多，所以对于书房的设计也是满足阅读、休闲，对于书籍大量储藏的功能。

总的来说，此户型能够得到业主的肯定，完成了业主对于功能、美感等的众多需求。

08502510尚玥

指导教师赵一

图7-54 学生作品（尚玥）

house

印象

living space design

简约大方，温馨典雅，经济实惠构成该户型的设计风格。该户型主要以大理石材质为地板，以各色木质家具为主，经济实用，美观大方，精致温馨的卧室，安静舒适的书房，干净大方的餐厅，典雅美观的客厅都是现代都市年轻白领的最佳选择。

大千世界，我们需要一个温暖的避风港，家，是为我们遮风挡雨的美丽港湾。

姓名：何丽
班级：085025
学号：08502517
指导教师：赵一

A 客厅
B 厨房
C 餐厅
D 主卧
E 书房
F 客卫
G 儿童房
H 主卫
I 储藏室
J 阳台
K 玄关

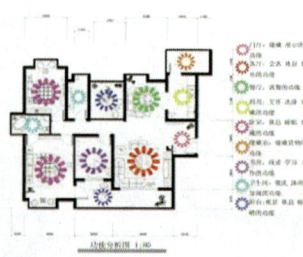

1：80 总平面图

人流分析图 1：80

功能分析图 1：80

🏠 图7-55　学生作品（何丽）

Plan 居住空间 设计

设计 空间

　　为了满足人们的生活和需要，合理完美的组织和塑造具有美感而又舒适方便的室内环境，一种综合性艺术融合了现代设计理念与文化艺术以及建筑设计、装饰艺术、人体工程学、心理学、美学，从而创造了一种含蓄、高雅的境界，并创造了新的、值得人们赞叹的居住空间设计

指导教师：赵一

学生：张洁

My home

图7-56　学生作品（张洁）

居室空间设计

氧气。
oxggen

设计说明：氧气，我们生活中不可或缺的元素，就像我们每个人所居住的家。家何

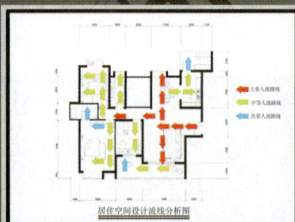

尝不是涵盖我们整个人生，只要降生在这个世界上，

居室空间设计总平面图

居住空间设计流线分析图

居住空间设计功能分析图

就与家发生着关系，丝丝缕缕无时不萦绕在心间。重点体现阳光开放的居家特点，

通过丰富的情感色彩表现家的特点。细节中见大气，大气中见沉稳。

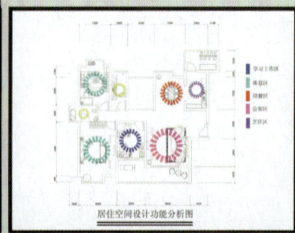

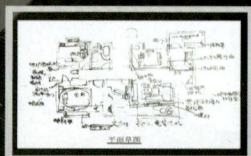

平面草图

oxggen oxggen
oxggen

学号：09502304　　姓名：段旭琼　　指导老师：赵一

图7-57　学生作品（段旭琼）

一花一世界 一树一天堂
one flower one world   one tree one heaven

居住空间设计

简欧的家具和俏皮的碎花墙纸以及典雅的灯具，既是细节的体现也是情调的点睛之笔，简简单单又华丽复古；木质地板使家宁静雅致，踏实内敛，天然的质感、古朴的颜色化解了现代设计的冰冷感。

living space

设计说明：本设计以后现代简约风格为设计理念。嫩绿色为主色调——清凉而生动具有鲜新、新鲜的特质，让家呈现无限生机，淡褐色和白色为辅——使家淡淡中又有几分矜持。纯白家具、植物花朵、铁艺等，让人仿佛进入了一个超脱世俗的世界，将外界的喧嚣隔开，在悄无声息间迸发出生命的旋律。

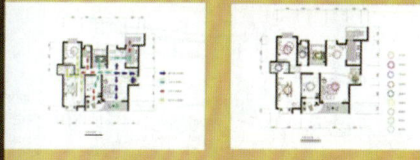

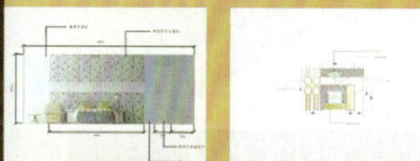

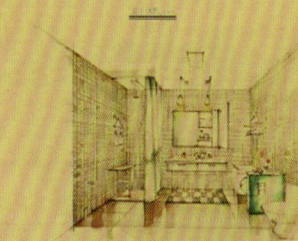

指导教师：赵一　姓名：董宇轩　班级：095023　学号：03

图7-58　学生作品（董宇轩）

2012届 住 空 间 设 计 展　JUZHUKONGJIANSHEJIZHAN　沈阳理工大学应用技术学院艺术与传媒学院环境艺术设计教研室

變幻空間　變換失间私人家装设计

Changing space Private home design

主阳台设计

主客厅设计

主卧设计

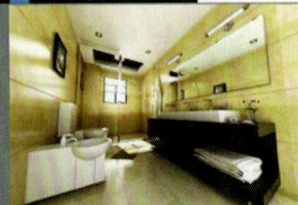

卫生间设计

设计理念

客卧室设计

工作室设计

平面布置图

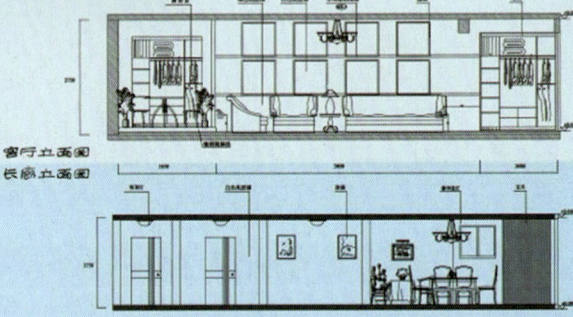

客厅立面图
长廊立面图

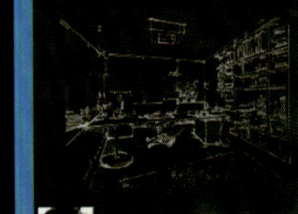

工作室设计

方案一

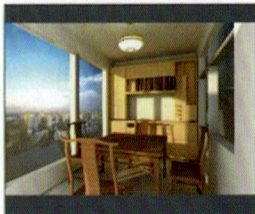

主阳台设计

方案二

THE Designer:　陈思达　10502234

指导教师：　赵一

↑ 图7-59　学生作品（陈思达）

2012 居 住空间设计展
JUZHUKONGJIANSHEJIZHAN

沈阳理工大学应用技术学院艺术与传媒学院环境艺术设计教研室

Warmth Live

生活味道 *Life Taste*

客厅设计Saloon

厨房设计Kitchen

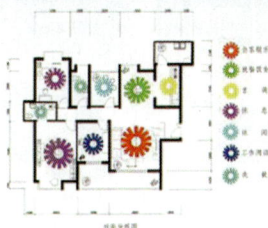

卧室设计Bedroom

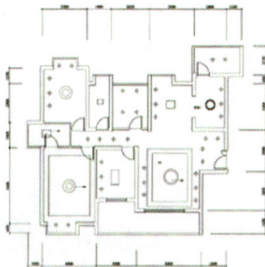

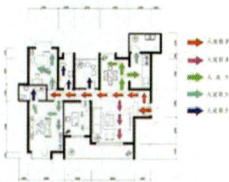

卫生间设计Toilet

立面图

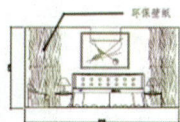

立面图

天花图

室内设计针对不同的人不同的使用对象，考虑他们不同的需求，需要注意研究人们的行为心理，视觉感受方面的要求，不同的空间给人不同的感受。此客厅主要以中式为主，为了不让其单调，把中式的沉稳与西方的现代相结合，让客厅的风格更加多元化。

我认为设计思维是设计师对设计项目的立意与构思，它是整体设计方案的根源。设计的一切工作展开都以此为中心。因此无论采用何种效果的绘制技法，无论画面所塑造的空间、形态、色彩光影和气氛效果怎样，都应围绕设计立意与构思展开。在设计分析的初期阶段，设计师头脑中的思维是多变和混乱的，设计灵感的火花也是跳跃式出现的。这时构思草图起到了很大的帮助，通常设计师的构思要经过许多要素的连续思考才能完成，有时也会产生偶发的感觉和意外的联想。

这次的厨房与卫生间设计考虑到整体的中式化路线，都运用了木材的家具，让室内的风格统一和谐。同样也都保留了很大活动空间。

功能的分布图，明确的表达各个空间的关系。在进行空间规划和进行功能简图分析时，基于这种主次关系的安排，同样在位置、朝向，采光，交通联系等问题。

天花图的设计考虑到适当的灯光调节会加强一些视觉感。所以装饰布置居室时，对色彩的搭配应以适应户主的感受为前提，因为我们周围的环境和自然界的色彩是非常丰富多彩的，人们会对各种颜色产生不同的心理生理反应。

左侧的卧室为了和整体保持统一和谐，依然偏中式，但台灯以及背景墙的结合又不失都市的现代感。能够给户主带来一个舒透、安逸的休息空间，在闲暇之余亦能够在窗边的休息区品上一杯美酒，观赏窗外的美丽景色。

班级学号：10502233

姓 名：张宸 指导教师：赵一

⊕ 图7-60 学生作品（张宸）

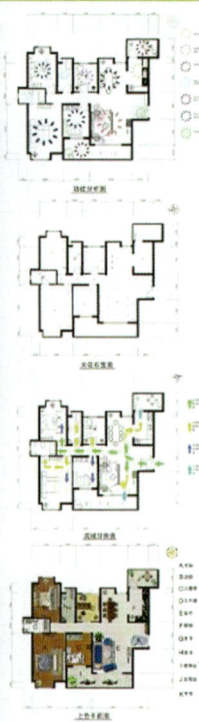

THE DREAMS IN THE SKY AND THE ROOM IF YOU ENJOY WITH THE LIFE I THINK YOU CAN LIVE IN

设计说明：

本案是围绕"红涩邂逅"为主题，将古典与现在相结合，以简洁明快的设计风格为主调，在总体布局方面尽量满足业主生活上的需求。主要装修材料为水曲柳擦色饰面，以实木红色线条的简洁装饰及各种雕花隔断景点，更体现"红涩邂逅"之感，创造一个温馨、健康的家庭环境。进入大门，映入眼帘的雕面雕花隔断门、隐藏式的衣帽间、功能上的书房，让人眼前一亮，外观稳重大气、古色古香，内部实用美观、功能齐全，小小的空间在此体现得美伦美幻，休息之余，在这练练字、看看书，何不是人生一大快事！进入大厅，墙面大面积采用米黄色墙纸点缀，加以实木线条的衬托，使整个空间温馨明快，又不失中式情调。天花的吊顶以平面为主，没有过多复杂的造型，简洁大方，与整个墙面的造型起了很好的呼应。背景墙采用了时尚质感的昆仑石，与中式雕花的艺术玻璃点缀，使古典和现代的完美结合在此体现得淋漓尽致。客厅大面积采用了米黄色的哑光砖铺贴，它既没有抛光砖的刺眼反射，也在防滑功能上也起到了很好的保护作用。餐厅作为一个单独的空间，"回"字型的简洁拼花，与整个主题相呼应，让每个空间都能感受到设计的元素无处不在！轻古典的家装风格摒弃了简约的呆板和单调，也没有古典风格中的繁锁和严肃，让人感觉庄重和轻松，适度的装饰也使家居空间不乏活泼气息，使人在空间中得到精神和身体上的放松，并且紧跟着时尚的步伐，也满足了现代人的"混搭"乐趣！

LISTEN TO THE LIFE

布艺家具由于布料的多变，搭配不同的造型，风格使趋于多元化。但大多数布家具所呈现的风格仍以温馨舒适为主，与布质本身的触感相应。美式或欧式乡村家具，常运用碎花或格纹布料，以普遍自然、温馨气息，尤其与其他原木家具搭配，更为出色。西班牙古典风格常以织锦，色彩华丽而或夹着金属的缎织布品为主，以展现贵族般的华贵气质；意大利风格运用布品的质感，但不脱离其简洁大方的设计原则，常以极鲜明或极冷洞的单色布材来彰显家具本身的个性。

设计师提出几点建议：摆床不宜东西向，这是因为地球本身具有地磁场存在，地磁场的方向是南北向（分南极和北极），磁场具有吸引铁、钴、镍的性质，人体内都含有这三种元素，尤其是血液中含有大量的铁（在红细胞的血红蛋白中），因此睡眠东西向会改变血液在体内的分布，尤其是大脑的血液分布，从而会引起失眠或做梦，影响睡眠质量。餐椅一般和餐桌配套，餐椅的摆放也随着餐桌的摆放而定。

（1）忌过大
（2）忌与门相直冲
（3）忌有尖角
（4）忌不平

THE ROOMS

ENVIRONMENTAI ART DESIGN

专　业：环境艺术设计
指导教师：赵一
学生姓名：韩超

作品名称：红涩邂逅

图7-61　学生作品（韩超）

interior design

M editerranean style

SINCE 2012

完美的生活
就是 在需要的时候，生活元素触手可及

住宅 不再仅仅是我们所提到的吃、喝、住所代表的含义，它成了包含多层次、多深度、表现个性品位、愉悦身心的人文家居。

随着生活水平的提高，住宅也成为人们的精神载体，以舒适为本，以艺术为理念，才能体现出高文化品位。

姓名：李晓阳
班级：105022
学号：29
指导教师：赵一
人生格言：

礁石因为信念坚定，所以能激起美丽的浪花；青春由于追求崇高，因此才格外绚丽多彩。

餐厅效果图展示

客厅效果图展示

DESIGN NOTES

设计说明

　　我们要在室内生活环境中营造的是一个精神与物质并重的文化，与生活结合的空间。是人类理想性创造活动的结果。现代地中海式的室内设计风格的运用一方面能满足生活功能的需要；另一方面又能满足人们对视觉和感情的需要，对空间环境氛围的营造，能够提高人们的生活境界、文明和生活质量。体现生存的价值。

　　在地中海风格主元素中融入了现代的生活元素，让居住空间不失豪华而且更加惬意和浪漫，它是室内设计中最为生动、最为活跃的因素，从未被时代所淹没的设计风格。

手绘效果图

卧室效果图展示

Thanks for watching!

🔶 图7-62　学生作品（李晓阳）

2012居住空间设计展　JUZHUKONGJIANSHEJIZHAN　沈阳理工大学应用技术学院艺术与传媒学院环境艺术设计教研室

多彩人生　室内顶层设计

设计说明

从室内设计中功能要求、主题、情感要求等角度出发，通过空间环境的创造，结合采光与照明、家具与陈设、色彩与视觉的整合进行了探讨，力求创造出环境及造型、材料质感、色调、风格样式和谐的室内环境。室内设计是以创造良好的室内空间环境为宗旨，把满足人们在室内进行生产、生活、工作、休息的要求置于首位，所以在室内设计时要充分考虑使用功能要求，使室内环境合理化、舒适化、科学化；要考虑人们的活动规律并处理好空间关系，空间尺寸，空间比例；合理配置陈设与家具。妥善解决室内通风，采光与照明，注意室内色调的总体效果。

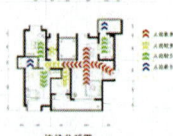

动线分析图

功能分析图

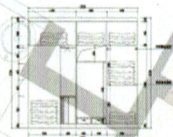

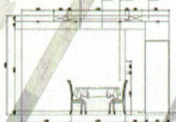

姓名：罗艺祥
学号：105022226
指导教师：赵 |

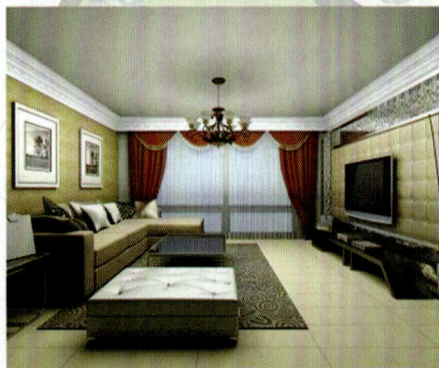

Lives at the decoration design

篇設計面精彩

⬆ 图7-63　学生作品（罗艺祥）

2012届 住宅空间设计展
JUZHUKONGJIANSHEJIZHAN

沈阳理工大学应用技术学院艺术与传媒学院环境艺术设计教研室

复式两居 室内设计方案
Interior design scheme

沉稳大气的设计风格彰显了主人的身份与地位，中式风情的现代演绎将现代和传统元素结合在一起，以现代人的审美打造古典韵味的事物，让改良后的中式风格体现出优雅、舒适的生活态度。我们尝试用一种新语言来诠释中式，提炼中国传统文化，唤醒人们深藏的记忆和文化认同感。在有着丰富的文化底蕴的同时又不缺乏时尚，让现代人更容易接受！

大量的实木材质的运用是设计风格的具体体现。

客厅效果图

卫生间效果图

厨房效果图

对于书房的设计没有过多的装饰，主要以实用为主，设计在墙上的储物空间方便、实用而又节省空间。

在卧室的设计上，实木的并带有浓厚中式风格的床头柜，还有床头的壁画对设计主题都是一种呼应。

姓名：徐琰昊　学号：10502222　指导教师：赵一

↑ 图7-64　学生作品（徐琰昊）

2012居 住空间设计展
JUZHUKONGJIANSHEJIZHAN
沈阳理工大学应用技术学院艺术与传媒学院环境艺术设计教研室

居住空间设计
HOME | SPACE | DESIGN

设计说明 居住空间就是从室内设计中功能要求、主题、情感要求等角度出发,通过空间环境的创造,结合采光与照明、家具与陈设、色彩与视觉的整合进行了探讨,力求创造出环境及造型、材料质感、色调、风格样式和谐的室内环境。空间的合理化空间的合理化并且给人们以美的感受是设计的基本任务。室内设计的突破与创新在室内设计中特别推崇有突破的想象力,以创造个性和特色。

室内设计与现代科技室内设计的目的是通过创造室内空间环境为人服务,设计者始终需要把人对室内环境的要求,包括物质使用和精神两方面,放在设计的首位。

现代室内设计除了仍以建筑设计作为学科发展的基础外,工艺美术和工业设计的一些观念、思考和工作方法也日益在室内设计中显示其作用。

室内设计要根据业主的喜好、特点、生活习惯进行设计。更好的符合业主理想的效果。

这套设计以简约时尚为主题,适合年轻、思想新潮的夫妇居住。

它以实用性和美观性相结合,符合现代人的思想和需求。更好的为业主提供舒适美观的生活环境。

姓名:丁春晓
学号:10502217
指导教师:赵一

功能分析图

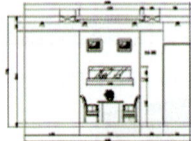

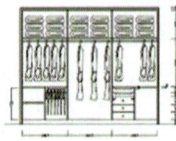

图7-65 学生作品(丁春晓)

2012居 住空间设计展 JUZHUKONGJIANSHEJIZHAN

沈阳理工大学应用技术学院艺术与传媒学院环境艺术设计教研室

twovem happiness

姓名：董 哲
学号：10502211
专业：环境艺术设计

手绘效果图

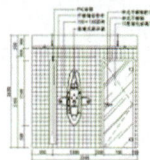

卫生间立面图　　　厨房立面图

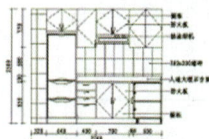

田园式风格非常重视生活的自然舒适性，充分是现出自然界的韵味和纯纯的朴实风味。

田园式的色彩所以自然色调为主白色、淡蓝色、米黄色较为家具中较为常足，特别是墙面色彩的选择上，自然、淳朴、散发着质朴的气息的色彩成为首选。

布艺也是田园式风格重要的运用元素，米黄色，有着温馨淡雅的感受，舒适又不失美丽。

彩色平面图　　　　平面图

设计说明：田园风格摒弃了烦琐和奢华，并将不同风格中的优秀元素汇集融合，以舒适机能为向导，强调"回归自然"，使这种风格变得更加轻松、舒适。田园式风格突出了生活的舒适和自由，不论是气质的家具，还是带有清新舒适感的配饰，都告诉人们这一点。回归与眷恋、淳朴与真诚，也正因为这种生活的感情。田园式风格丰富了我们享受另一种生活。田园式摒弃了烦琐和奢华，并将不同风格中优秀元素汇集融合，以舒适机能为向导，强调"回归自然"。

功能分析图　　　　流线分析图

图7-66　学生作品（董哲）

2012 居 **住 空 间 设 计 展** JUZHUKONGJIANSHEJIZHAN

沈阳理工大学应用技术学院艺术与传媒学院环境艺术设计教研室

总平面图

简洁和实用是现代简约风格的基本特点，本设计采用简约风格的美学特点，以简化整合，在组合上注意空间搭配，充分利用每一寸空间，且不显局促，不失大气。在选色上，大体上选择自然的素和色彩，集装饰与实用于一体，在拒门等组合搭配上避免琐碎，使人处处感受到浪漫主义气息和最容其蕴的文化品德。里身其中给人飘飘向上之感，表现业主对快乐人生的追求。

走线分析图

色彩和谐，搭配得当，灯光的完美效果处处充满了温馨、浪漫、舒适的感觉，清爽、有序，富有时代感和繁体感，体现了现代派所追崇的"少就是多"的简约化设计

当从屋门映入眼帘的是宽敞舒适的客厅阳台落地窗可直观窗外，光可以使室内的环境得以盖暖和炎虫。自然光可以向人们提供室内环境中时空变化的信息气氛，可以清除人们在室内的室息感，它随着季节，昼夜的不断变化，使室内生机勃勃。

汲晓丹

Easy life, easy design

班级：105022　学号：01　姓名：汲晓丹　指导教师：赵一

⬆ 图7-67　学生作品（汲晓丹）

钟情小居——居住空间设计

简约、舒适是此居室的主要特点。带有中国味儿的客厅既舒适、简约，又雅致。大大的落地窗让自然的风景映入眼帘，使室内与室外相融合，自然风情被引入家中，闲适、淡雅之味油然而生。

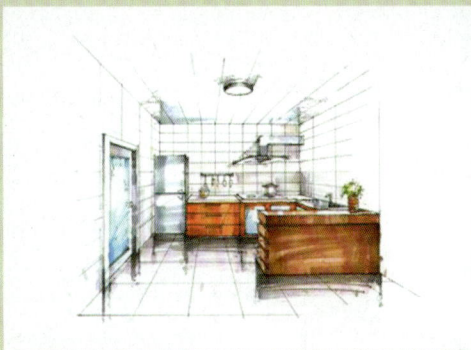

图7-68　学生作品（韩美林）

居住空间设计——淡若清风

设计说明：

简约大方的设计方案是甲方的心意居所，在设计过程中以绿色分别就将绿色和简易的图形将这一特点体现出来，给人以放松的感觉。现代人对居住空间私密性的要求较高，在设计过程里对空间的格局也就逐渐的提高，流线型的设计使得空间各方面较全面的体现出来，空间的灵活性和活泼感增强，根据甲方家庭人员的特殊情况，此次设计里将居住的安全系数作为设计重点之一，使得空间不光美观，而且实用性较强。

具体说明：

客厅——墙绘、木质花纹、家具等都是流线型设计加强空间的欣赏性。

餐厅——木质和绿色的搭配使得空间感回归自然。

卧室——大方、简约、活泼为三个卧室的主题，安全系数作为设计重点。

绿色、环保是当今社会的主题，将这个主题体现在家居设计上是最好的宣传方式和体现自然的平原，在家居设计里重要的是将居家作为一种喜爱。

主题单纯、平静的空间具有一定的亲和力，将豪华、高雅的气质融入该空间里，凸显出华而不宠，雅而不贵，这四个方面的结合不仅给主人健康、舒适的生活质量，也给主人充足的自信和自豪感。

姓名：09502314 孙博
指导教师：赵一

图7-69　学生作品（孙博）

中国风家装设计图

图7-70　学生作品（宋晓雪）

居住空間設計

心靈最好的歸宿就是溫馨的家
Warm and Fragrant Family

設計說明

　　田園風格應該是崇尚自然、回歸自然的一種表現形式，核心是回歸自然，不精雕細琢。只有結合自然才能在當今快節奏的社會生活中獲取生理和心理的平衡。田園風格力求表現自然的田園生活情趣。而這樣的自然情趣正好處於現今人們對於人類城市擴張迅速、城市環境惡化、人們日漸互相產生隔閡而擔心的時代。

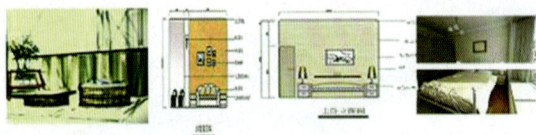

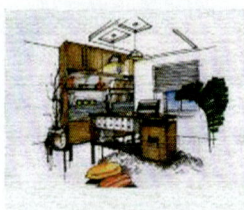

姓名：任月　　班级：095023　　指导教师：赵一

图7-71　学生作品（任月）

居住空间设计
——清夏岁月

6月的初夏，家，伴随着绿意自然.蓬勃、清新、怡淡。释放清夏的活力，营造一个活泼、愉悦的空间。走廊墙面的木质相框错落有致，相片、装饰画如同一朵朵静静绽放的花朵，不张扬却坚持散发着自己的清香，总能在不经意间吸引你的目光。

姓名：姚赛

指导教师：赵一

It's so beauty only as simplity

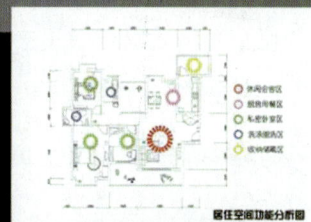

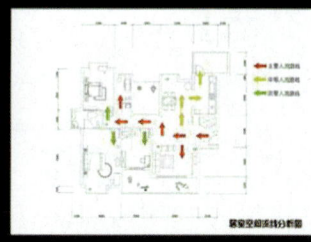

图7-72 学生作品（姚赛）

居住空间设计 ——雅居 Euroart

硬木材质的地板本身就有温润、华美的光泽感，欧式花纹作为装饰背景与白色的木质家居搭配，呈显出雅致的外观。红色布艺沙发作为点缀，不会让卧室过于正经、端庄。

餐厅以红色为主调，金色作为点缀与白色简欧家具搭配，深蓝色花纹布艺让空间节奏变得轻快明亮，不会让空间显得浮躁而不舒服。

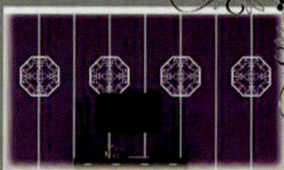

为了让空间保持开阔的、纵深的感觉，搭配白色的基调以及亮蓝色背景墙装饰，营造一个明亮、简约的会客空间。

班级：095023 姓名：尹奕文 指导教师：赵一

图7-73 学生作品（尹奕文）

第五部分

项目实战

第八章 居住空间室内设计实训

第一节　实训教学安排

居住空间设计以课堂教学与课内实践相结合，理论课程内容在注重室内设计原理、居住空间设计方法及效果表达的同时，注意将最新型室内设计技术和最前沿的信息和先进的技术第一时间引入课堂，实现居住空间设计教学内容在基础性与先进性上的有机结合。

项目实训是该课程教学中的重要组成部分，是保证教学质量的重要手段，实训课程安排在实验室、机房与校外合作企业。其目的是增强学生的感性认识，提高学生的工程意识，采用"行为导向教学法"和"项目驱动法"等先进方法和手段，以"项目为核心"的实践教学较好地解决了实践教学的技术性、综合性和探索性，从而可以有效地培养学生的实践能力和创新能力。

1．课程性质、地位

居住空间室内设计是艺术类环境设计专业必修的一门专业课，是主干课程。它主要介绍居住空间的设计规律，了解居住空间设计的基本原则以及设计表达的方式方法，对学生掌握居住空间设计及图纸表现的技能具有重要地位，为学生将来的其他室内设计课程打下良好的基础。

2．教学目标

要求学生正确认识课程的性质、地位，全面了解课程的体系、结构，对居住空间设计课程有一个整体的认识。了解居住空间设计原理、居住空间设计的内容要点及原则，能够设计普通住宅的各功能空间，并能够通过设计图纸表达。

3．教学要求

（1）了解课程的性质、任务及其最终目的，全面了解课程的体系结构，对居住空间设计课程有一个整体的认识。

（2）掌握本学科的基本概念、空间基本构成元素及相关分类，理解居住空间设计的风格、空间感的构架，形成居住空间设计前的总体构思意识，掌握居住空间设计的基本规律和步骤方法。

（3）重点掌握居住空间效果图的表现方法，熟练掌握居住空间中各功能空间的氛围营造手法和效果图表现的技巧，切实提高设计思维与设计表现的能力。

4．知识要求

（1）掌握基础美术、室内场景速写和设计原理等方面相关知识和技术；

（2）掌握室内环境设计先进的设计理念与思维，了解行业最新发展动态；

（3）掌握空间设计的基本理论和技能；

（4）掌握设计基本原理、效果图技法表现等相关知识和技能。

5．能力要求

（1）具有良好的思想道德修养和科学的认知能力；

（2）具有一定的人文修养和艺术欣赏能力；

（3）具有一定的设计资料收集、分析和整合能力；

（4）具有较强的设计创意和技巧表现能力；

（5）具有较强的设计综合创作能力和表现能力；

（6）具有较强的团队协作精神和社会适应能力；

（7）具有较强的专业自学能力和不断创新意识。

6．重点、难点

本课程的重点是掌握居住空间设计的方法技巧以及表现方式，包括总平面布置、功能空间划分、流线组织和各功能空间的效果表现、材质材料的选择等。

本课程的难点是把理论知识与实践结合，使学生能够根据实际情况，对空间进行组织、设计，达到使用功能的最大化，并且符合业主要求，让学生自己动手进行设计，体现了素质教育。

7．教学方法

为了加强学生在本课程的思维和应用能力，在教学内容的组织安排上，理顺教与学的关系，侧重理论联系实际，强化学生自学能力和应用能力的培养。

（1）案例教学法

在教学过程中，以实际的优秀案例并通过多媒体的教学方式，使学生更加直观地了解和掌握居住空间设计的基本知识以及表现方法。在设计过程中，教师对学生进行一对一的辅导，针对每个学生的不同情况做到具体问题具体分析，及时地发现和解决学生在设计过程中遇到的难点。采用教师做范画的形式使学生对空间的效果表达和技法的运用能力得到进一步地提高和加强。

（2）社会实践

教师带领学生进行课外实践教学，参观家具卖场与建筑装饰材料市场，现场教学，布置调研报告，对居住空间的具体内容进行实践调研，使学生对空间设计及工程实际有更加直观的认识和了解。结合真实案例为学生剖析居住空间设计的整个过程，使学生在宏观上掌握居住空间的设计流程。

第二节　设　计　课　题

一、设计要求

选取真实户型平面图进行居住空间室内设计，要求考虑业主家庭情况、职业、文化背景、兴趣爱好、使用功能要求等具体条件，完成一整套居住空间设计方案并通过图纸表现。

（1）对实际场地和业主家庭及居住情况进行调研。

（2）完成设计理念的提取。

（3）进行图纸表现，包括：总平面图、功能分析图、流线分析图、各功能空间效果图（卧室、客厅、餐厅、厨房、书房、卫生间、走廊等）、主要立面图，并能够进行排版。

（4）完成预算书。

二、作品表现

如图 8-1 ～图 8-16 所示为不同的作品表现。

浑南新城-左岸名苑别墅设计
HunNan New City-Zuo An MingYuan Design

设计方案说明

本案设计风格定义为欧式：客厅设计为上下层空间相通的天井，空间感强烈，采光率高；过廊空间采用现代元素虚光灯带，使房间明亮、通透。造型上的设计采用欧式石膏花线及理石、壁纸等元素，彰显了欧式风格的大气、奢华，体现出主人的高贵身份及优雅气质。

平面布置分析图

三层平面图　一层平面图　二层平面图　地下室平面图

别墅客厅区域立面图

电视背景墙采用理石、壁纸以及斜边镜装饰，理石和壁纸的结合既显现理石的气派又用壁纸来平衡理石冰冷的感觉，让空间有了冷与暖的对比平衡；斜边镜的采用让空间有了一定的反射，使空间明亮活跃而不沉闷。

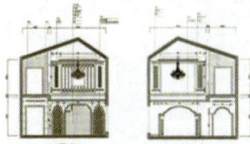

一层功能分析图　二层功能分析图　地下室功能分析图

卧室及书房效果图表现

个人资料

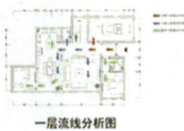
一层流线分析图

二层流线分析图

地下室流线分析图

姓名：马荣临
班级：085028
学号：01　指导教师：赵一

✚ 图8-1　学生作品（马荣临，指导教师：赵一）

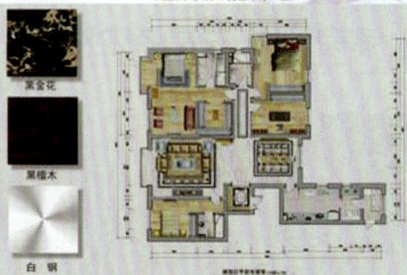

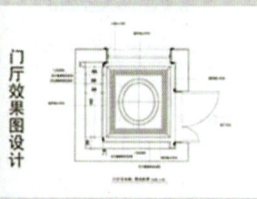

图8-2　学生作品（王庆莹，指导教师：赵一）

2012

艺术与传媒学院　环艺毕业设计展

沈阳理工大学应用技术学院

时尚魅力——大连馨园公寓样板间设计

Model design

本设计是对大连馨园公寓一套房间的室内设计方案，是一套建筑面积为107平方米的住宅，设计结构为两室一厅一卫。南部有客厅、主卧，北部有次卧室和书房，其中客厅和餐厅之间南北相通。

设计环境：大连金石滩是国家级风景名胜区、国家级旅游度假区、全国首批国家AAAA级旅游景区、国家级地质公园。金石滩三面环海，冬暖夏凉，气候宜人，延绵30多公里长的海岸线，凝聚了3亿～9亿年地质奇观，被称为"凝固的动物世界"、"天然地质博物馆"，有"神力雕塑公园"之美誉。

平面布置图

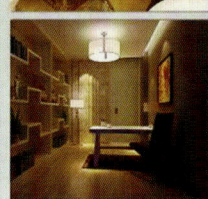

本设计的整体思路主要是，考虑到公寓的类型、地段位置、客户的需求和公寓所在位置的交通环境、地质环境。

该公寓设计确定采用现代时尚风格来作为整个公寓设计的主线，以及整个内部空间的设计和色彩、材料的使用，最终达到舒适适用、时尚而不轻浮的目的。

客厅、厨房、餐厅卫生间效果图 ▶

卧室效果图

主卧室为南朝向，采光良好，主题色调和客厅整体色调相同，卧室颜色趋于暖色，在现代风格的衬托下，暖色调更显得舒适温暖，给人一种放松温馨的感觉。配合木质地板，回归自然，打造一种清爽的氛围，使人宾至如归。

书房效果图 ▶

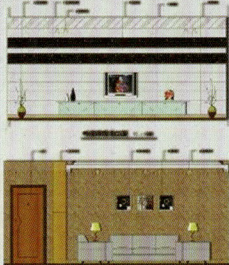

▲ 客厅立面图　　　　▲ 阳台效果图

本公寓设计，布局紧凑，户型方正，动静分区合理，室内采光良好，色调搭配统一，采用简约的手法诠释着新简洁主义，体现出现代气息。布局结构南北通透，视野开阔，客厅接观景大阳台，实为当今现下的热点户型。

作品名称：大连馨园公寓样板间设计　　　　作　者：刘晓红
专　业：艺术设计（环艺）　　　　　　　指导教师：赵一

✆ 图8-3　学生作品（刘晓红，指导教师：赵一）

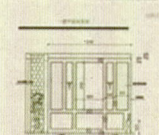

图8-4 学生作品（刘会姣，指导教师：赵一）

奢华新古典 Luxurious new classical ——碧堤湾畔别墅设计

2012 艺术与传媒学院 沈阳理工大学应用技术学院 环艺毕业设计展

效果图
客厅多角度

姓名：高千乔
学号：13
班级：085026
指导教师：刘天执

　　"形散神聚"是新古典的主要特点。本方案在注重装饰效果的同时，用现代的手法和材质还原古典气质，新古典具备了古典与现代的双重审美效果，完美的结合也让人们在享受物质文明的同时得到了精神上的慰藉。营造典雅、自然、高贵的气质、浪漫的情调是本案的主题，从布局的设定到家具的搭配，给人的感觉非常的和谐，主人的气质和品位，外人一看就能明了。

客厅效果图

一楼平面图　　　二楼平面图　　　立面图

　　新古典风格的装修总带给人奢华富丽的感觉，更有甚者会有厚重压抑的感觉；但这套新古典风格的跃层却能还原一个轻松、纯粹的家的空间。清雅的浅色调，仅在细节处点明新古典的主旨，让居住者舒适舒压。米色系列的家居环境在色相上是最具典型的温馨感，地面铺设的微精石在米色灯光下更显温柔，干净利落才能体现出简约中的大气。客厅空间比较宽阔，所以沙发背景的材质也同样与电视墙一致，以达到统一色彩、材质，在造型上区分变化。经典的新古典沙发家具在简约的空间中显的特别有气质，赭石和白色也在米色环境中更能相称得体。

卧室效果图

Luxurious new classical

⬆ 图8-5　学生作品（高千乔，指导教师：刘天执）

客厅效果图

卧室效果图

书房效果图

厨房效果图

2012 艺术与传媒学院 **环艺毕业设计展**
沈阳理工大学应用技术学院

Sofa background the wall with large area zebra texture wallpaper, warm and the sofa of black and white pillowform echo.TV cabinet frame placed furnishings and green plant, with the reform of the indoor climate and dust absorption.

宅居——主题居住空间设计

本设计意在打造一个温馨烂漫的主题家居空间。色彩是室内设计中最生动最活跃的因素，室内色彩往往给人们留下室内环境的第一印象，第一感觉色彩最具表现力，所以我采用了偏黄暖色调来打造，既能渲染温馨的气氛又能使客户感到流连忘返。沙发背景墙采用大面积斑马纹理壁纸，温馨中又不失时尚，沙发上黑白相间的抱枕与之形成呼应，电视柜架上摆有陈设和绿色植物，具有改善室内小气候和吸附粉尘的功能，更主要的室内绿化使室内环境生机勃勃，带来自然气息，令人赏心悦目，起到柔化室内人工环境，在高节奏的现代社会生活中具有协调人们心理使之平衡的作用。

客厅效果图

姓名：肖晓
班级：085022
指导教师：
刘天执

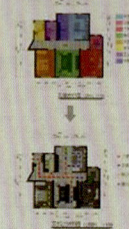

The design is intended to create a warm and romantic theme home furnishing space. Color is the most vivid interior design the most active factor, indoor color often give people the first impression of indoor environment.Color is the most expressive, so I used the Yellow warm tone to create, can render the warm atmosphere and make the customers feel indulge in pleasures without stop.

Decorative materials selection, at the same time has to meet the use function, the entrance of the hard tile floor, and a large area of pattern wallpaper decoration.

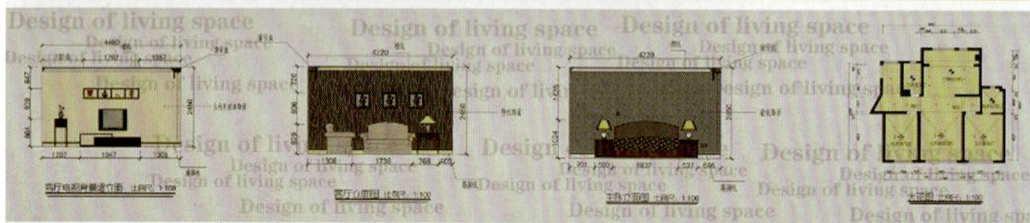

玄关效果图　玄关效果图　卫生间效果图

饰面材料的选用，同时具有满足使用功能，玄关处采用了坚硬的瓷砖地面，和大面积的花纹壁纸做装饰，边上还放置了一个木制柜架，上面摆着植物和装饰物品。这样既能使玄关处简单又不失单调，纹理壁纸和地面也形成了呼应。本设计起名叫"宅居"，是因为在高节奏的现代社会中家永远是一个避风的港湾，进入这个"宅居"后，有种流连忘返，不想离去，完全放松的状态。

手绘效果图

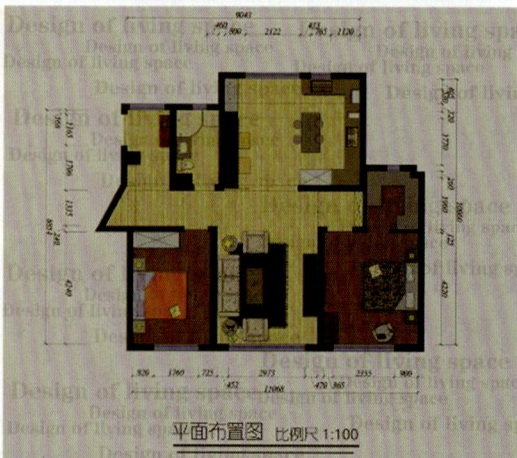

平面布置图　比例尺 1:100

🔸 图8-6　学生作品（肖晓，指导教师：刘天执）

2012　艺术与传媒学院　环艺毕业设计展
沈阳理工大学应用技术学院

田园风情——尚唐国际样板间设计

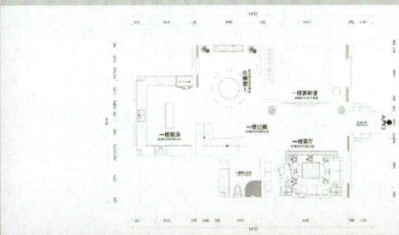

Idyllic showroom

客厅效果图

餐厅效果图

　　本设计方案为位于唐山市路北区尚唐国际社区，是一错层房型。根据房型结构与房主的要求，将其设计定位于美式乡村风格。依据风格的定义不需要固定的模式，不强调严格的规律，只要发挥想象去表现，让适当的组合和搭配唤起对乡土和原始气息的向往以及浪漫和优雅的渴望。根据功能要求与实际需要，故对本房型加以改造，进行空间上的重组。

　　因为美式家具传达了单纯、休闲、有组织、多功能的设计思想，让家庭成为释放压力和解放心灵的净土。怀旧、浪漫和尊重时间是对美式家具最好的评价。

　　乡村风格家具的外观和用料仍保持自然、淳朴的风格，隐藏设计的抽屉收纳了空间，使其看起来更整洁、美观。本案中的家具都集中地体现这一思想。

　　客厅顶面的灯饰让我们感觉到了气氛。然后沙发布艺的图案和色调家具的形式，都散发着淡淡的乡土气息。书房玻璃窗的起点低，扩大的窗体幅度将庭院中的绿意与阳光变为室内的背景。乡居的主卧室不需要很宽敞，木制而结实的大床和扑素的布艺就让你温馨无比.满承着乡间纯净的阳光。

卧室效果图

班级学号　08502219　学生姓名　王龙　　指导教师　赵一

✿ 图8-7　学生作品（王龙，指导教师：赵一）

图8-8　学生作品（张爽，指导教师：王宇）

时尚风——雅居天地样板间设计

2012 沈阳理工大学应用技术学院 艺术与传媒学院 环艺毕业设计展

GRADUATION PROJECT

设计说明

本设计方案因考虑到空间大小以及结构，故选用简欧风格设计，能更好地突出居室的大气与惬意。通过完美的典线，精益求精的细节处理，带给家人不尽的舒服触感，实际上和谐是欧式风格的最高境界。门的造型设计，包括房间的门和各种柜门，即要突出凹凸感。

欧式风格强调以华丽的装饰、浓烈的色彩、精美的造型达到雍容华贵的装饰效果，欧式客厅非常需要用家具和软装饰来营造整体效果。深色的橡木或枫木家具，色彩鲜艳的布艺沙发，都是欧式客厅里的主角。精美的油画，制作精良的雕塑工艺品，都是点染欧式风格不可缺少的元素。

大部分处在挑空结构之下，大面积的玻璃窗带来了良好的采光，落地的窗帘很是气派。布艺沙发组合有着丝绒的质感以及流畅的木质曲线，将传统欧式家居的奢华与现代家居的实用性完美地结合。

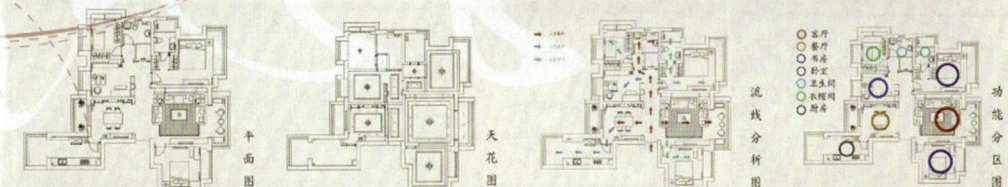

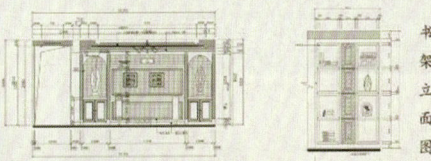

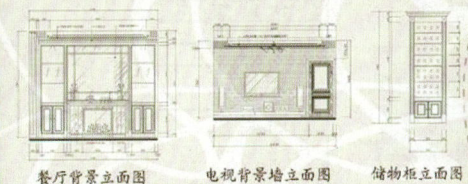

平面图　天花图　流线分析图　功能分区图

沙发背景墙立面图　书架立面图

餐厅背景立面图　电视背景墙立面图　储物柜立面图

interior design　班级：085023　姓名：张佳智　学号：21　指导教师：赵一

图8-9　学生作品（张佳智，指导教师：赵一）

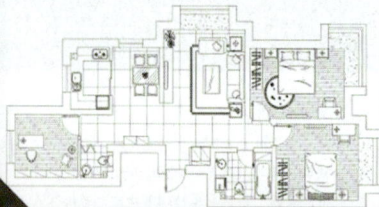

2012 艺术与传媒学院 环艺毕业设计展
沈阳理工大学应用技术学院

沈阳万达广场样板间设计

Wan Da Model Design

平面布置图

设计理念
本案三室一厅小户型，主要以简约时尚为主风格，重点考虑到实用、舒适。以简洁的表现形式来满足人们对空间环境那种感性的、本能的和理性的需求，这是当今社会流行的设计风格，简洁明快的简约主义。

客厅的色彩：
客厅是人们接朋送友、日常休息之地，大部分的时间都是在客厅度过的，因此，客厅的装修成了重中之重。主要以黑、白、灰为主再搭配以红色壁纸，增加温馨而舒适的休闲感受，尽显的现代简约风格。

指导教师：赵一　作者：张鑫宇　学号：08502232

卫生间与厨房：
本案设计的厨房为U型厨房，采用玻璃质门使空间更加通透，采光更好。橱柜选用整体定制橱柜，更好地利用了每一寸面积。厨房墙壁选用黑、红黄颜色的马赛克，使厨房整体空间对比鲜明，层次丰富。
卫生间虽小，但也要讲究协调规整，在地板方面，选用以天然石料做成地砖，既防水又耐用。墙面采用黑色镜面马赛克饰面，与白色地砖、浴盆形成对比使整体空间线条精炼而又富有层次感。

餐厅的灯光很重要，所以在餐桌的上方吊下一个吊灯，与餐桌的距离很近，增加了餐厅的情调。黑白混搭的椅子和木质桌子突出了简约时尚的风格。

沈阳万达广场样板间设计

Wan Da Model Design

沈阳万达广场样板间设计

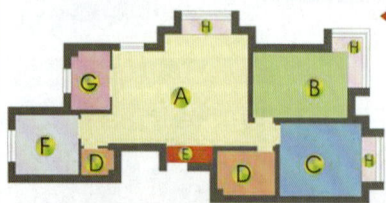

A 客厅
B 主卧室
C 次卧室
D 卫生间
E 玄关
F 书房
G 厨房
H 阳台

● 功能分析图

▲ 卧室手绘效果图

沈阳万达广场样板间设计

Wan Da Model Design

图8-10　学生作品（张鑫宇，指导教师：赵一）

六十平居室设计

色彩的 旋律

家，在每个人的心目中都是一个温暖安逸的地方，是心灵的港口。奔波劳累的一天之后，最希望的就是回到家，褪去一身的疲劳。

在本次设计中空间的主要划分是把卧室的空间划分出来其余的空间做开放式。整体布局简单合理。为当前所流行的这种小户型大大地提高使用空间。

一 建筑空间构成

姓名：刘爽
学号：08502402
指导教师：杨凯

从简单的墙体过渡到空间的布局

二 周边居民生活环境

三 墙体分析图

四 区域分析

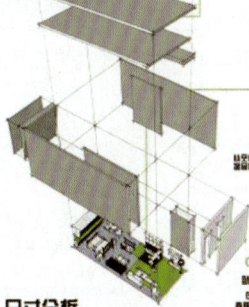

五 尺寸分析

七 细部分析图

COULOURS OF MELODY IN MY LIFE

六 立面分析

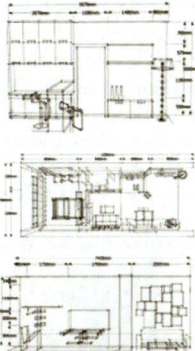

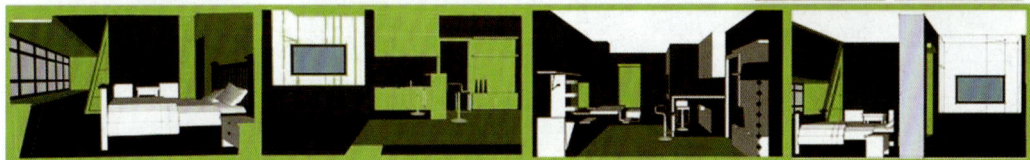

🔝 图8-11　学生作品（刘爽，指导教师：杨凯）

2012 艺术与传媒学院 环艺毕业设计展
沈阳理工大学应用技术学院

碧桂园别墅设计 BI GUI YUAN VILLA DESIGN

欧式风格给了我们享受另一种生活的可能

姓　名：孟玥宁
班　级：085024
专　业：环境艺术设计
指导教师：刘天执

设计说明

本方案为一套三层式住宅别墅，根据业主的要求一层、二层为欧式风格，三层为中式风格。本案的设计在满足基本功能的基础上，空间的流动也比较合理。休息区、活动区在三层之间楼梯的连接中融为一体，非常方便。卧室、卫生间、衣帽间合理布局，充分满足人的合理生活需要。

二楼卧室

一层平面图

二层平面图

三层平面图

中式风格的特点是在室内布置、线形、色调以及家具、陈设的造型等方面吸取传统装饰"形"、"神"的特征，以传统文化内涵为设计元素，革除传统家具的弊端，糅合现代西式家居的舒适，根据不同户型的居室，采取不同的布置。中国传统居室非常讲究空间的层次感。这种传统的审美观念在中式风格中又得到了全新的阐释，在需要隔绝视线的地方则使用中式的屏风或窗棂。通过这种新的分隔方式，单元式住宅就能展现出中式家居的层次之美。

门厅

客厅

过道

吊顶

欧式风格强调以华丽的装饰、精美的造型达到雍容华贵的装饰效果。欧式客厅顶部喜用大型灯池，并用华丽的枝形吊灯营造气氛。门窗上半部多做成圆弧形，并用带有花纹的石膏线勾边。室内则有真正的壁炉或假的壁炉造型。墙面最好用壁纸，或选用优质乳胶漆，以烘托豪华效果。地面材料以石材或地板为佳。欧式客厅非常需要用家具和软装饰来营造整体效果。深色的橡木或枫木家具，都是欧式客厅里的主角。还有浪漫的罗马帘，精美的油画，制作精良的雕塑工艺品，都是点染欧式风格不可缺少的元素。客厅的大部分处在挑空结构之下，大面积的玻璃窗带来了良好的采光，落地的窗帘很是气派。壁炉自然不可或缺，敞开式的客厅提供了一个视觉中心。

欧式的居室有的不只是豪华大气，更多的是惬意和浪漫。通过精益求精的细节处理，带给家人不尽的舒服触感，实际上和谐是欧式风格的最高境界。同时，欧式装饰风格最适用于大面积房子，若空间太小，不但无法展现其风格气势，反而对生活在其间的人造成一种压迫感。当然，还要具有一定的美学素养，才能善用欧式风格，否则只会弄巧成拙。

客厅

图8-12　学生作品（孟玥宁，指导教师：刘天执）

图8-13 学生作品（张杨，指导教师：刘天执）

图8-14 学生作品（姜莉，指导教师：王宇）

艺术与传媒学院 环艺毕业设计展
沈阳理工大学应用技术学院

映日河畔
Reflect on Riverside
——别墅设计
villa design

设计理念
此方案选择运用简约欧式风格。河畔在落日的照映下，显得别有一番风味。屋里的奢华欧式设计、暖色的灯光让业主感觉到温暖，让屋里洋溢着满满的幸福感。

方案定位
别墅的风格定位为简约欧式奢华风格，所谓简约欧式，一方面保留了材质、色彩的大致感受，可以领略到欧洲传统文化的历史渊源与深厚的文化底蕴，同时又摒弃了过于复杂的肌理和装饰，简化了棚面线条，用皮革软包修饰背景墙，既显尊贵又隔音便于清洁，搭配欧式家具和灯饰，整体空间营造的是低调的奢华氛围。

休息区
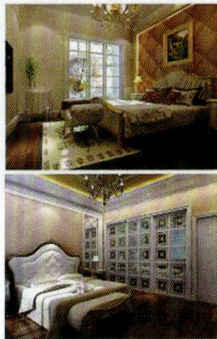

平面图
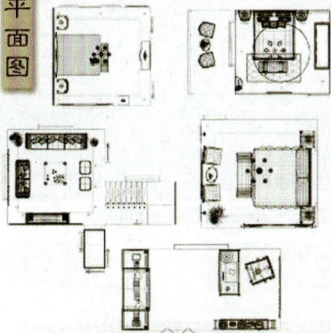

立面图
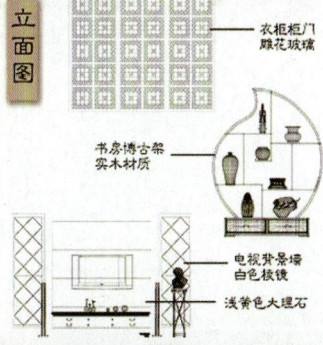
衣柜柜门
雕花玻璃
书房博古架
实木材质
电视背景墙
白色烤镜
浅黄色大理石

卧室是休息区的主要体现。卧室是私密空间，要求具有一定的私密性，所以它注重主人自己独特的想法。温馨与舒适是卧室必须要有的感觉。

休闲区

休闲区即为别墅的主次客厅，作为开放性场所示人，是主人接待客人及自己在家休闲娱乐的主要活动场所，也是主人修养、品位的集中体现。

休闲区

书房也是休闲功能的一种体现，于一种体现，书房也是休闲功能的和各种知识都的一种体现，在打工作时的参考放打工作资料时集工作和现出业主"院藏品古的博宏品与银乐

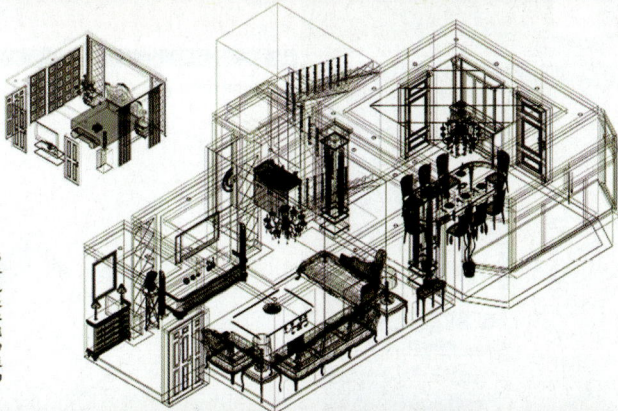

沈阳理工大学应用技术学院

作品名称：映日河畔别墅设计　　作者：赵璐
专业：环境艺术设计　　指导教师：赵一

⬆ 图8-15　学生作品（赵璐，指导教师：赵一）

图8-16　学生作品（姜雪，指导教师：杨凯）

参 考 文 献

[1] 陆立颖,张晓川,王斌,王增. 建筑装饰材料与施工工艺. 上海:东方出版中心,2008

[2] 高光,廉久伟. 居住空间设计. 沈阳:辽宁美术出版社,2008

[3] 沈渝德,刘冬. 住宅空间设计教程. 重庆:西南师范大学出版社,2006

[4] 来增祥,陆震纬. 室内设计原理. 北京:中国建筑工业出版社,2004

[5] 王大海. 居住空间设计. 北京:中国电力出版社,2009

[6] 孙卉林,宋秀英. 居住空间室内设计. 北京:中国水利水电出版社,2012

[7] 张绮曼,郑曙旸. 室内设计资料集. 北京:中国建筑工业出版社,1991

[8] 范业闻. 新编现代居室设计与装饰技巧. 上海:同济大学出版社,2008

[9] 陈凯,孙洪涛. 室内设计·居室空间. 杭州:浙江人民美术出版社,2010

[10] 陈红卫. 陈红卫手绘. 福州:福建科学技术出版社,2007

[11] 杨健. 家具空间设计与快速表现. 沈阳:辽宁科学技术出版社,2002